跟我做纯手工木餐具

日本 STUDIO TAC CREATIVE 编辑部 / 编

徐晓晴 / 译

中原农民出版社

· 郑州 ·

年幼时木材传递的温暖

和制作的乐趣

小学的时候，很多人在手工课上

曾玩过木料加工，

用笨拙稚嫩的手法

不断操纵着锯子和刀具。

那时的你是否忘记了时间的流逝，

沉浸其中无法自拔了呢？

请再次回想当时的情形。

长大后

即便被卷入忙碌的生活，

也还是能够品味那时的心情的。

只要再次触摸到木材，

想必你会自然而然达到"inner peace"。

家务余闲
假日午后
餐桌的角落里

无须专用的工作室，

更不用准备铺张的工具。

家务余闲、假日午后，

躲在餐桌的角落里，即可轻松愉快地享受制作木餐具的乐趣。

金属的勺子确实结实又方便，

但是自己开开心心亲手做出来的木勺，却独具时光的温暖。

制作的喜悦
以及使用的喜悦

首先请感受一下

制作的喜悦和使用的喜悦。

如果再将自己完成的餐具

送给重要的人，

也许会收获加倍的喜悦。

6

目　录

作品介绍

用色木槭制作
叉 子

旋转叉子卷起意面,
随意地叉起蔬菜。
还能用叉子做什么呢?

▶86页

用七叶木制作
大 勺 子

用木料做成的大勺子
喝热咖喱汤
不容易烫嘴。

▶52页

用拐枣木制作
黄油刀

圆弧刀刃，
便于在面包上涂抹黄油。

▶26页

用梅木制作
点 心 刀
与和式点心关系密切的点心刀。
使用寂静优雅的梅木，
有助于增进食欲。
▶32页

使用栗木制作
托 盘
享用最喜欢的点心和茶水时，
可爱的托盘会锦上添花。
▶68页

用山茶木制作
茶 勺
纯手工的茶勺，
好像已经浸入茶的美味中。
茶勺的茶叶形状是亮点。
▶46页

用核桃木制作
咖啡量勺

咖啡是一定要冲泡的。
为讲究的你
介绍一种绝佳的咖啡量勺。

▶80页

用柑橘木制作
小勺子

用于舀砂糖或搅拌咖啡。
虽小却很实用，
这样的小勺子如何？

▶40页

用樱木制作
筷子和筷架

樱花宣告春的来临。
承惠樱之恩泽,制作每日
不可或缺的筷子与筷架。

▶18页

用橄榄木制作
小 碟 子

盛物很少却很有用的小碟子。
可根据用途随心制作，
充满乐趣。

▶74页

进阶尝试
婴儿汤勺和马克杯

技术提升后，何不尝试制作这种
配套的大作品？
孩子和妈妈肯定会高兴的。

▶108页

制作方法

· 本书介绍的作品共使用了10种木材，当然，用其他木材也行。木材各有脾性，有的易于切削雕刻，有的不容易加工。另外，有的木材唾手可得，有的木材则很稀少。最好先从容易采购的木材开始，一边熟悉其脾性，一边进行自己的第一次雕刻。

· 接下来介绍的工序中，会使用刀、雕刻刀、定规、砂纸、C形夹钳等工具。请预先准备好这些工具，以便享受制作的乐趣。若想先熟悉这些工具，可以先从本书第96页开始阅读。

· 各个制作工序都使用了操作台。虽然它并不是必不可少的，但有的话能够使各阶段的作业更加顺利。感兴趣的读者可以先从本书第38页开始阅读。

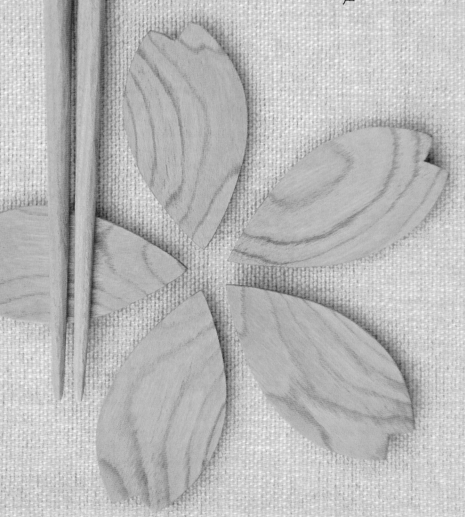

用樱木制作
筷子和筷架

筷子的放置位置有了

随着一声清脆的啪嗒声

两根并成一体

落向自己喜爱的筷架

开饭喽

樱树

平安时代就已经存在于日本了，但当时并未作为木材使用，而是用于观赏。到了室町时代（1336~1573），锯出现后，樱树才被当作木材使用。该木材因被联想成华丽耀眼的樱树之花的形象，经常被当作装饰品和工艺品的制作材料使用。不知道是真的还是错觉，从木材中似乎能闻到樱花那种淡淡的香味。选择用樱木制作的作品来当作入学贺礼、4月的生日礼物怎么样呢？有一种叫桦樱的树，因为木材的性质和樱树非常相似，所以经常会被混同于樱木使用，选材时要特别注意这一点。

木材详细

树　　名	樱树
分　　类	蔷薇科樱属
学　　名	*Prunus jamasakura*
硬　　度	有些硬
可加工性	一般

樱木虽然有些硬，但是有黏度，干燥后收缩性较强，耐久性很好。木质紧实，打磨后会变得光亮。因可涂装性良好，所以被用于建筑材料、工艺品、乐器等各种各样的物品上，特别是从江户时代（1603~1867）开始就已经作为木版画所不可或缺的材料被广泛应用。该木料适合于精细加工，自然适用于餐具制作的。其材质的纹理适当，使用时请充分利用这一点。

筷子的制作方法

01
准备好2根250mm×9mm×9mm的方木。

02
在方木两端的切面上描画2条对角线，大致确定出方木的中心。

03
此步骤开始一点一点调整筷子的形状。没有操作台也能加工，有的话会更方便。（制作方法参照第38页）

Check
此图为制作流程示意图。加工时要不断确认中心并小心地切削4个角，使其不断向理想的形状靠拢。

04
加工第一个棱角时需要小心切削。依次切削的话会容易一些。

05
将4个角进行相同程度地切削，加工成一端纤细的形状。

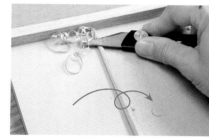

06
为了将筷头加工笔直，需要一边旋转筷头一边来回切削。

07
筷子的形状做好后，将上面细小的凹凸部位都加工平滑。

Check
在加工时需要不时确认木料中心，防止中心偏离。2根木料都需要按照同一要领交替切削，确认筷子是否可以并拢。

08

筷子整体的形状加工好后,可将其长度调整到趁手的长度。可用手握一下筷子,在超出部位做上标记。

09

使用锯子将画标记部分锯掉。如果长度合适,可以进行下道工序。

10　　*Point*

筷子的后端可以加工成自己喜欢的形状。此处需要稍微倒角,将其切削成圆弧状。

12

将筷子的前端修整成自己满意的细度。切削时注意不要使中心线偏离。

13

将前端同后端一样,放置到砂纸上摩擦。

14

最后使用砂纸将整体打磨均匀。先使用150 # 整平凹凸,再使用240 # 精加工。

15

将橄榄油涂抹到筷子上,并将多余的油脂擦拭掉。

11

后端加工完后,将其置于砂纸上旋转摩擦,使其表面平滑。

完成!

筷架的制作方法

01
准备一块48mm×25mm×6mm的木料。

02
将纸样放置木料上，用线笔沿其轮廓描画。

03
用刀从外围开始切削，加工至描画的轮廓线为止。

04
加工后的形状如左图所示。因侧面还要继续加工，没有必要加工得特别精细。

05
在侧面上画出两侧上扬的线，手描即可。

06
为使整体更协调，将筷架底部的线条也做成弧形，但弧顶是平的，以保证筷架成品能平稳放置。

07
在底侧中心画出与桌面接触部位的大小。接触面的大小会影响作品的整体感觉，可根据个人喜好调节。

08
使用半圆凿雕琢表面，加工出以两端为顶点的弧形线条。横向和纵向交替加工更简便些。

09
使用大号半圆凿将那些凹凸不平的部位削掉，尽可能使表面圆滑。

10

将正面加工成保证筷子放上后不会滑落的弧形。

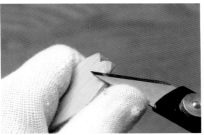

11

接下来，用刀一点一点地将边部进行倒角处理。一边确认侧面的线条一边加工出弧形的轮廓。

12

将之前步骤07中描画的接触面以外的部位都削圆，加工成如左图的形状。

13

用砂纸将表面打磨平整。先使用150＃的砂纸，用拇指的指腹用力按压摩擦凹凸部位，然后使用240＃的砂纸进行精加工。加工时会产生很多的木屑，作业时请谨慎处理。

14

将橄榄油充分涂抹到作品上，多余的油脂用干布擦拭掉。

完成！

筷子的纸样

※ 采用的 9mm×9mm×250mm 的木料。

筷架的纸样

※ 采用 48mm×25mm×6mm 的木料。

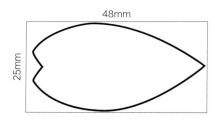

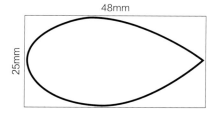

作品制作要点

筷子的纸样终究是个大致的样子。可以根据个人喜好调整筷子的形状和长度，使其成为最接近自己理想的一双筷子。如果是想要留下刻刀切削的痕迹，可用砂纸轻微打磨后，将木屑摩擦掉即可。

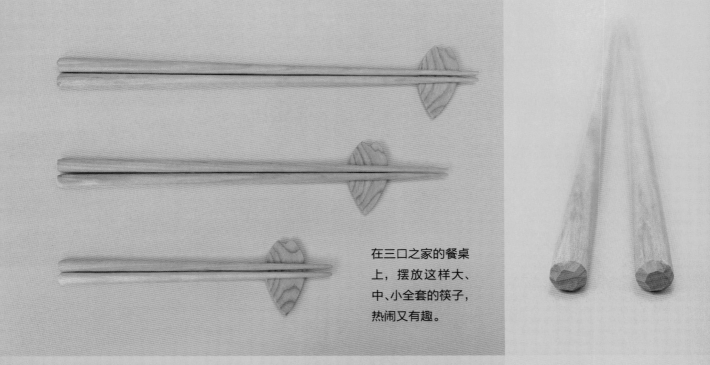

在三口之家的餐桌上，摆放这样大、中、小全套的筷子，热闹又有趣。

用10种不同的木材做成的筷架。同人一样，每个筷架各有独特的个性。它们各是什么材质，分得清楚吗？

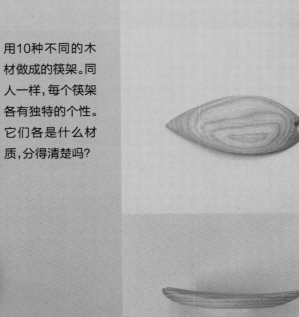

25

用拐枣木制作
黄油刀

困倦的早晨

烤好的面包上

倒上黄油

用黄油刀

细细涂抹

慢慢匀开

香气四溢

拐枣木

在日本，拐枣木的汉字名为"玄圃梨"，玄圃在中国是传说中仙人居住的地方。虽然叫梨，味道也甘甜可口，与梨相似，但跟我们吃的梨却是两码事，右图右下角为玄圃梨的果实。拐枣木作为木材使用的历史很久远，它的纹理独特，广泛用于制作床柱及其他家具、室内装潢等。用这种传统木材来制作现代风格的餐具，也是很有意思的。

木材详细

树　名	拐枣
分　类	鼠李科
学　名	*Hovenia dulcis*
硬　度	稍硬
可加工性	一般

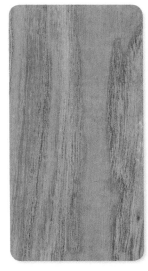

木质稍硬，较易加工，但是其耐久性并不是很好，所以不适合制作叉子等精细作品。纹理略大，若想利用其纹理可做成较大的作品。流通量并不是很大，树龄长的木材其纹理更有趣味，很久以前就被用于制作家具和室内装潢，是具有历史感的木材。

黄油刀的制作方法

01

准备一块175mm × 25mm × 16mm的木料。

06

黄油刀的大致形状就完成了。

02

用铅笔将纸样描画在木料上。

07

在端头外侧画上切削加工用的中心线。用指尖引导描画会更流畅些。

03

描画好黄油刀形状的木料。

08

将左右棱角部位朝着中心线进行倒角加工，使棱角更加圆滑。

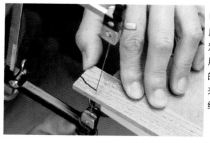

04

用G形夹将材料固定在操作台上，再用钢丝锯将黄油刀的大致形状切割出来，尽可能使切割线接近轮廓线。

Check

木料较薄，形状也不是很复杂，但是会花一些时间。也可以使用刻刀代替钢丝锯切割加工其形状。

05

用刀调整被钢丝锯切割后的木料的轮廓。

09

没必要将刀面加工过薄，中心部分稍微留厚一些，只要方便涂抹黄油就行。另外刀刃的后侧(锋面)也需要倒角加工。将刀刃部分加工成菜刀那样的断面。

10

手柄部位也要进行倒角加工，圆润的形状会更方便使用。

11

使用150#砂纸将凹凸处打磨平整，再用240#砂纸对表面精加工。

12

用棉抹布将橄榄油充分涂抹作品整体。

13

再用其他的干布将多余的油分擦拭掉。

完成!

Check

手柄部分可以有很多变化，其整体外观也会不同。可如图片中这样倒角切削，也可做其他尝试。请尝试着做出自己喜欢的独一无二的黄油刀。

黄油刀的纸样

※ 采用 175mm × 25mm × 6mm 的木料。

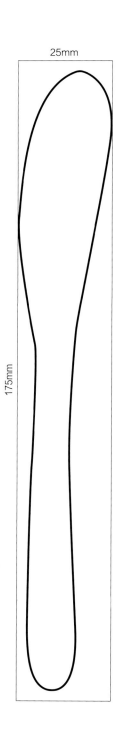

25mm

175mm

作品创作要点

使用的是较薄的木料，因此切削量较少。即使没有钢丝锯，有刻刀也可以加工制作，所以很适合初学者练手。手柄以及刀刃部位形状稍微有些差别，其整体风格也会发生变化，考虑如何做出一把符合自己个性的黄油刀也是一种乐趣。

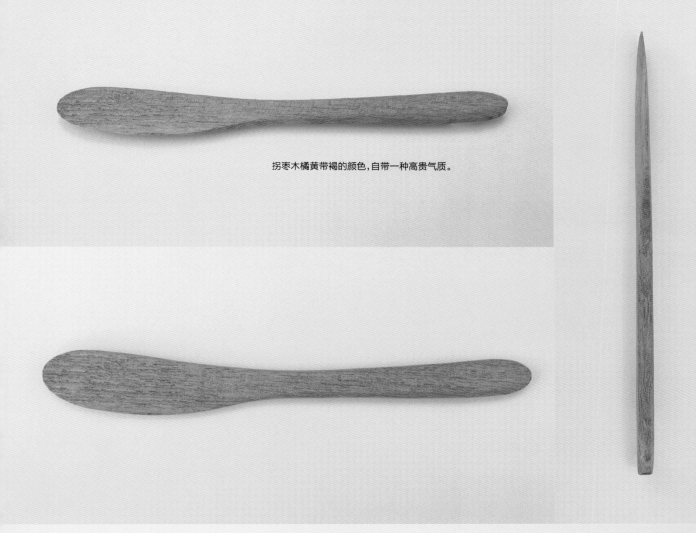

拐枣木橘黄带褐的颜色，自带一种高贵气质。

将形状稍微不同的黄油刀并排放置，尖头、圆头都
能反映出作者的个性，是简单却很有内涵的一件
作品。

用梅木制作

点心刀

温柔地对待它
使用材质柔和的工具
惊艳配色的点心
点缀着茶绿色
黄色包裹着粉色

梅木

酸溜溜的梅干、凌寒怒放的寒梅……日本的梅文化很丰富。古往今来，日本人一直很爱梅，许多家族的徽章里都有梅花花纹；在祭祀天神的神社中就更为常见了，传说是因为菅原道真（编者注：菅原道真被日本人尊称为"学问之神"）很喜欢梅之故。大概天庭也遍植梅树吧。梅木极少用于建筑材料，而是常用于制作茶室的格窗或床柱等装饰品。让我们充分利用象征朴素之美的梅木来制作作品吧。

木材详细

树 名	梅树
分 类	蔷薇科杏属
学 名	*Prunus mume*
硬 度	稍硬
可加工性	一般

颜色与樱木相似，为红褐色，纹理相对来说较为明显。其加工性不是特别出色，但是打磨后会出现光泽，可以期待梅木独有的成形效果。因其很少被用作建筑材料，所以采购起来会相对困难一些。可以到种植了梅树的老百姓家里去求一些枝权，将生木充分烘干后便可使用。

点心刀的制作方法

01
准备35mm × 20mm × 4mm 的木料。

02
将纸样覆于木料上，用铅笔将其轮廓描画到木料上。

03
将容易切割的一侧放到操作台边缘，用G形夹具将木料固定住。

04
使用钢丝锯沿着画好的线条小心谨慎地锯掉多余部分的木料。

05
按照同样方法切割端头部分。切割时很容易形成豁口，因此切割时要留出余量。

06
改变位置后重新固定，切割从圆头到手柄之间的部分。

07　Point
因为钢丝锯的锯条到锯柄的长度固定，有时会因长度不够而导致钢丝锯无法向前推进。此时可以通过改变木料的固定位置或是改变自己的站位方向等措施来解决。

08
按照描好的轮廓线切割木料。

09

用刀具修整钢丝锯过切割的外形。修整时注意线条走向，不要过度切削。

Check

小刀不好加工的端头开口部分可以用雕刻刀等工具小心修整。

10

将木材竖起来，在侧面1/2厚度处画线。将铅笔头贴到手指上，用指尖引导，描画使线条均匀。该线条为后续切削棱线时的大致目标。

11

点心刀的刀尖和刀锋部分需要明确表现出来。画一条从侧面看贯穿中心的线条，正面和背面均要画。

12

以步骤11中所描画好的线条为界线，将下侧凸出部分切削成刀刃，就像打磨刀具那样对两侧的斜面进行切削加工。

13

可根据自己的喜好加工刀柄部分。该作品要进行轻微倒角的精加工处理。加工时不要转动刀身，应用握住材料的手的拇指贴到刀上转动刀刃，这样就能加工出理想的形状。

14

将点心刀的形状切好后，按先150＃后240＃的顺序用砂纸打磨。一边用指尖确认表面是否平整，一边对整体表面进行打磨，使之圆滑。

15

分叉的部分也不能遗漏，需要小心地用砂纸打磨。

16

使用砂纸将点心刀的表面打磨光滑后的样子。

17

涂抹橄榄油，做最后的处理。

完成！

作品制作的要点

刀刃和刀锋线条流畅的点心刀，与和式点心配合得恰到好处，有着毫不逊色于点心的存在感。刀刃处很薄，但是刀柄和刀锋却很厚实，请尝试着制作属于自己的个性作品。

点心刀的纸样

※ 采用长 135mm × 宽 20mm × 高 4mm 的木料。

20mm

135mm

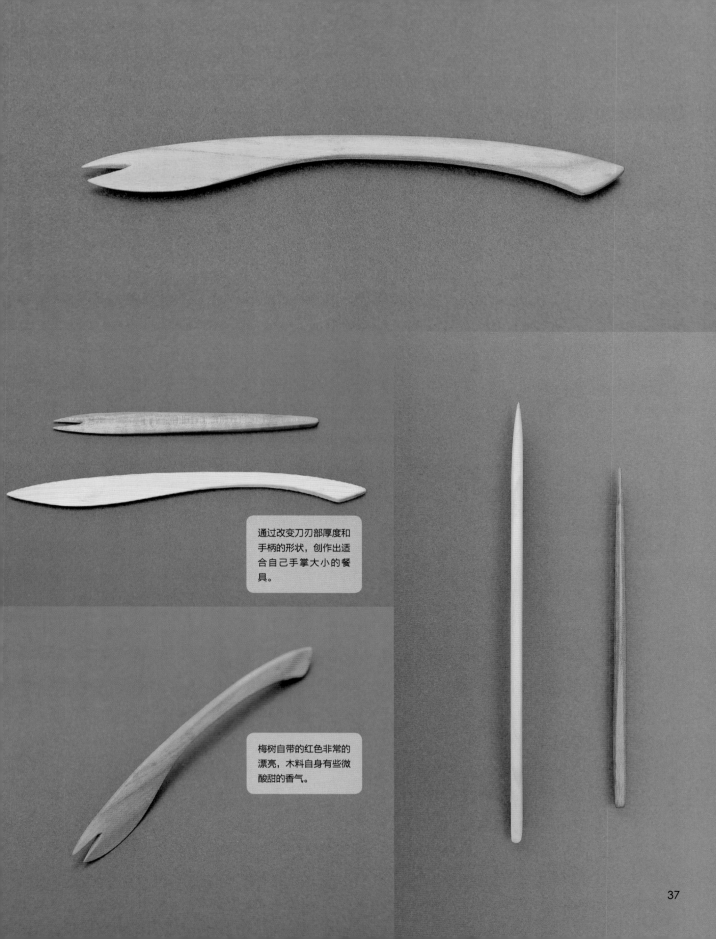

通过改变刀刃部厚度和
手柄的形状，创作出适
合自己手掌大小的餐
具。

梅树自带的红色非常的
漂亮，木料自身有些微
酸甜的香气。

自制操作台

在作品制作过程中，基本上都会用到操作台。下面就介绍一下操作台的制作方法。只需要在小小的木板上组装上木头片，就会让裁切和雕刻变得格外容易，请一定做一个试试。

制作方法

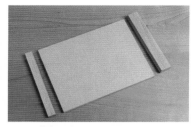

1 准备好右页图中所标尺寸的木料。木料种类不限，尺寸可略有偏差。

2 拿起细长条的木料，在较窄的一面涂抹木工用的黏合剂。

3 将涂抹了黏合剂的木料与木板的端头对齐贴合。

4 用C形夹将贴合部位固定，增强黏着力度。

5 在剩下的木条窄面上也涂抹黏合剂，粘贴到与之前贴合面相反的一面上。

6 用C形夹固定，等待黏合剂完全干燥。

7 最后在背面贴上防滑的橡胶垫，一个简易的操作台就完成了。

尺寸

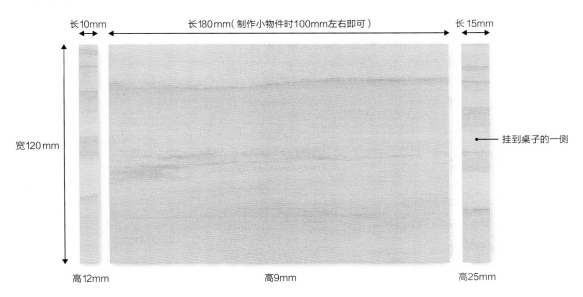

长10mm

长180mm（制作小物件时100mm左右即可）

长15mm

宽120mm

← 挂到桌子的一侧

高12mm

高9mm

高25mm

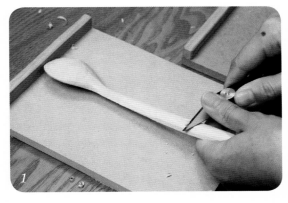

可以在各种场合使用

1. 切削汤勺的勺柄、筷子等细长形状的材料时，将制品一端顶在操作台顶端，待稳固后即可进行加工。 *2.* 如图，还可用它来固定木料，这样用钢丝锯裁切就方便多了。 *3.* 用砂纸对作品精细打磨时也能用到它。如图，将作品置于操作台上，然后随心打磨。 *4.* 用雕刻刀和半圆凿操作时，最能体现操作台的便利性。借助操作台，可自由变换雕刻方向，调整到恰当的角度后，以稳定的力度雕刻木料。

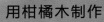

用柑橘木制作

小勺子

勺子一圈圈旋转

黑与白

随勺端

无声地交融

柑橘木

在日本，柑橘是童叟皆知的水果之王。虽然放在被炉（编者注：被炉，日本传统取暖用具）上的温州蜜柑很有名，但柑橘的种类其实很多。右图中的绿色果实乍看像臭橙，实际是未成熟的温州蜜柑。温州，是一个盛产美味柑橘的中国城市。柑橘树在室町时代（1336～1573）就被用于庭院观赏，其表皮也可以入药，是文化味儿浓郁的树木。用柑橘木制作的小勺来盛取味道微苦的柑橘皮果酱，想想就觉得很有趣。

木材详细

树　　名	温州蜜柑
分　　类	芸香科柑橘属
学　　名	*Citrus unshiu*
硬　　度	稍软
可加工性	一般

纹理密集，表面光滑，打磨后会出光泽，所以加工完成后非常漂亮。自带的微黄色调很有蜜柑的感觉。柑橘木质感纤细，常被用于制作各种乐器，最近也开始被用于制作艺术品。

小勺子的制作方法

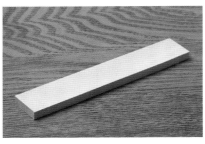

01

准备一块130mm×22mm×6mm 的木料。

02

沿纸样轮廓描画好后，用夹具固定木料，并用钢丝锯将轮廓线以外的部分去除掉。

03

用小刀将周边形状修整好后，将勺头凹陷部的轮廓画出来，随意发挥即可。

04

测量描画好的勺头凹陷部分的长度。此处是25mm左右。

05

参考步骤04的长度，在勺头背面的对应位置，做出标记。

06　　*Point*

图中曲线标出了勺头凹陷部的大致轮廓，勺头木料顶端和曲线的切线为凹陷部分的起止位置。

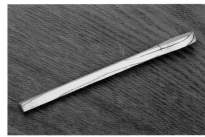

07

在侧面画上贯穿整体的S形曲线，可从图中红箭头所指位置向两边画。

08

为了削出勺子表面的曲线，先用刀在标记的部位刻出刻痕。

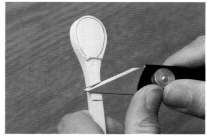

09

沿刻痕进行切削。

10

对勺子凹陷部位进行加工时，用夹具固定后再加工。同时可用一只手托住木料,增强稳定性。

Check

作品的形状加工好后，夹具固定时留下的痕迹会对成品有影响，尽量使用木片等置于固定点处缓冲保护。

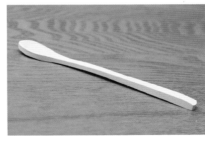

14

整体的S形大致完成。可继续精加工，直到它成为自己满意的形状为止。

Check

在加工凹陷部位的曲线时，可以用平口雕刻刀（平刀）。

15

将勺子背面的棱角削掉，并使之圆滑。

11

切削加工会将之前所画好的轮廓线削掉，需要再画一次。

Check

此时，只从背面切削就好。如果表面棱角也削掉的话，形状会变模糊。

12

用半圆凿加工凹陷部位。沿画好的线条内侧凿刻。若凿刻线靠木材边，后续加工时易刻出豁口。

16

将勺柄侧的棱角也削掉，并加工圆滑。

13

用刀具将勺柄的里侧的弯曲度削出来。

17 Point

大致成形时，重新雕琢凹陷部位的轮廓，使其漂亮收尾。

18
边缘如果太薄的话,作品容易出现豁口,加工成照片所示的厚度即可。

20
最后涂抹橄榄油,用干燥的布料将多余的油分擦拭掉。

19
用砂纸将作品整体打磨加工。先用150#的砂纸将凹凸处磨平,再用240#的砂纸精加工。

完成!

作品制作要点

为了方便使用,勺子上应有弯曲部位。只要掌握了勺子的弯曲度的制作方法,制作勺子以及叉子都会很容易。因为要将勺子加工细薄,所以切削时会容易出现豁口或是将勺子掰折。特别是进行最后一道工序用砂纸打磨时需要注意,如果是柔软的材质要注意力度。勺的凹陷部位偏小,勺柄较长,可用作舀取砂糖或果酱等的工具,也能作为搅拌勺使用。

小勺子的纸样

※ 采用长 130mm × 宽 22mm × 高 6mm 的木料。

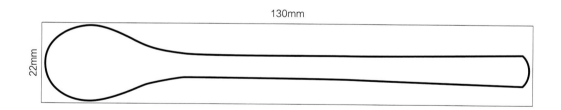

130mm

22mm

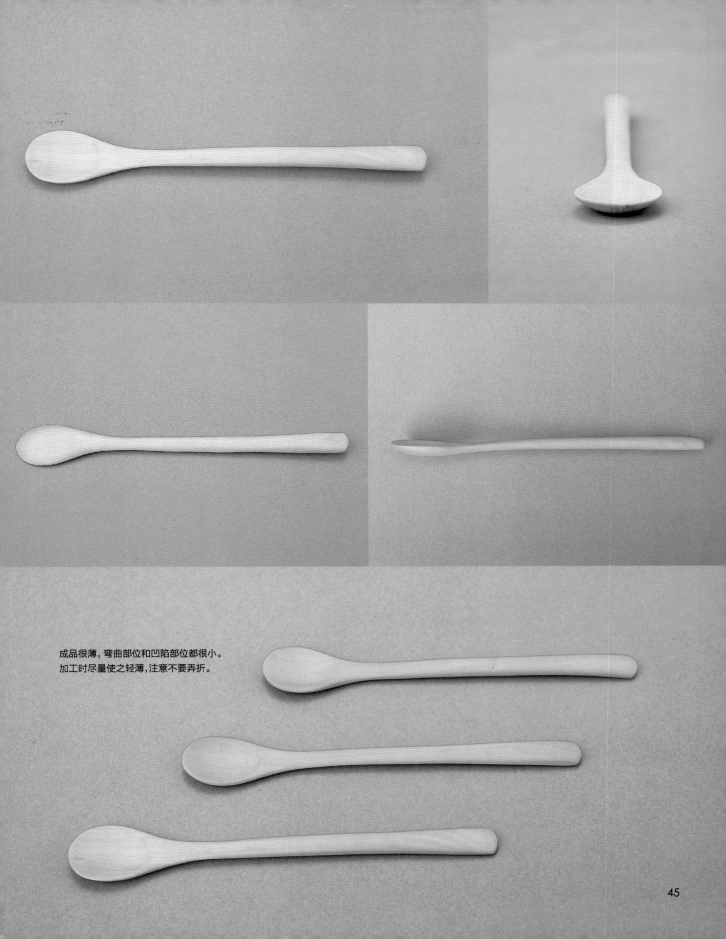

成品很薄，弯曲部位和凹陷部位都很小。
加工时尽量使之轻薄，注意不要弄折。

用山茶木制作
茶勺

母亲送给我的
手工制作的茶勺
勺子所舀取茶叶沏出的茶水
味道更加浓醇
还真有母亲的味道

山茶木

日本人对庭院里常植的山茶很熟悉。想必很多人都看过在寒冬2月到初春期间，开在街角一隅格外富有存在感的花朵，或红或白。开得早的山茶称"寒山茶"。

山茶花会从茎上"啪嗒"一声掉下来，故而人们问候时总是很忌讳提到它。因为容易使人联想到斩首，武士住宅尤其避讳种植山茶。但人们却喜欢用山茶木制作茶具，据说丰臣秀吉的茶室就是用山茶木建的。对于美的认知，日本人偏好闲寂优雅，山茶木深蕴其神，故而适合用于制作富有野趣的物品。

木材详细

树　　名	山茶、野山茶
分　　类	山茶科山茶属
学　　名	*Camellia japonica*
硬　　度	较硬
可加工性	一般

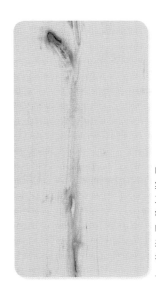

山茶的材质较硬，纹理较为密集，加工性较好，适合精细加工，常被用于制作坠子或雕刻等工艺品。另外因其纹理不明显，所以能加工出平滑的表面。因其断面也很平滑，还被用于制作木板以及EP材料上。

茶勺的制作方法

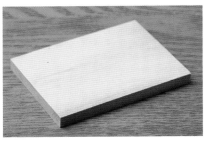

01
准备一块70mm×
45mm×7mm的
木料。

02
用铅笔将纸样誊描
到木料上。

03
使用G形夹将木料
固定在桌子上,再用
钢丝锯沿着轮廓线
外侧位置切割。

04
用小刀将钢丝锯
切割的外形加工
一下。

05
将茶勺凹陷部位的
轮廓画出来。这只
是一个大致轮廓,加
工过程中,轮廓线被
削掉也没关系。

06
接下来,在茶勺头
部的侧面画曲线,
曲线应向茶勺底部
延伸。

Check
画曲线时让端头稍
微朝下一点,这样
方便舀取茶叶。

07
在侧面的两端,画
上朝上的曲线。

08
该曲线要和正面的
曲线连接到一起。
立体的形状较为复
杂,最好同已完作品
的形状做对比。

09
使用半圆凿将茶
勺凹陷部分凿出
来。顺着纹理的方
向能够快速省力
地切削。

10

只要凿出能够掏取茶叶的弧度就可以，没有必要凿得过深。

11

以之前所加工出的线条为基准。用刻刀加工背面的形状。

12　*Point*

雕刻到一定程度后，一边确认手持部分的曲线、茶勺的厚度等，一边小心地修整外形。

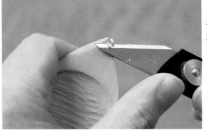

13

手持部分的正面也要稍做修整。

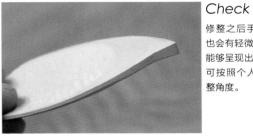

Check

修整之后手持部分也会有轻微的角度，能够呈现出立体感。可按照个人喜好调整角度。

14

作品整体的形状都雕刻出来后，将勺子的凹陷部位再加工，外观会更整洁。

15

用砂纸打磨表面。先用150 # 的砂纸将凹凸部分磨掉，然后用240 # 的砂纸打磨，使之平滑。

16

打磨时注意不要将边角部位加工过尖，用砂纸轻轻摩擦，使之圆润。

17

涂抹上橄榄油，用干燥布料将多余的油分擦拭掉。

完成！

茶勺的纸样

※ 采用长 70mm × 宽 45mm × 高 7mm 的木料。

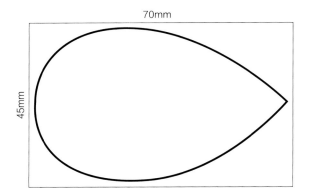

70mm

45mm

作品制作要点

该作品的凹陷部位完全没有使用砂纸打磨，都是依靠雕刻刀加工而成的，散发着质朴的气息。当然，也可以用砂纸将凹陷部位打磨圆滑。并不如想象中的那样容易掬取，因此茶勺应尽量轻薄，同时也要注意轻薄部位加工时，易出豁口的问题。

将其加工成树叶那样
可爱的形状。手持部分
到勺端之间曲线平滑
是其加工重点。

51

用七叶木制作

大勺子

大勺、小勺、茶勺……

勺子有很多种类

最大的勺子应该像父亲一样

即使在森林深处

带回很多美味的东西

也能够温暖如初

七叶木

七叶树分布于函馆以南的本州岛，九州岛基本没有。栃木县将其定为县树，据说县名中的"tochiki"就来自七叶树的树名。用萃取自果实中的灰色汁液与糯米混合，可制成大名鼎鼎的乡土料理"七叶饼"。

海外也有与七叶树颇有渊源的地方，如巴黎的七叶树大街。而且，源自巴黎的人气甜点"marron glacé"最初用的食材并不是栗子，而是七叶树果实。实际上，"marron"指的就是七叶树的果实。

木材详细

树 名	七叶、七叶树
分 类	七叶树科
学 名	*Aesculus turbinata*
硬 度	软
可加工性	一般

木质相对较软，有一定的黏度。另外因其蜿蜒逶迤的独特纹理，还被叫作"七叶收缩纹"，该木材最适合制作表面较大的作品，不适合纤细的造型。它会因容易吸附油分和水分而变脏，涂抹橄榄油时很容易涂抹不均匀，因此要用漆料做表面涂层加工。

大勺子的制作方法

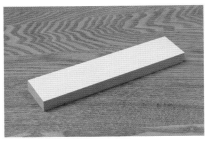

01
准备一块200mm×45mm×15mm的木料。

02
用铅笔将纸样的轮廓描画到木料上。

03
将木料固定好，沿铅笔所画的轮廓用钢丝锯进行裁切。

04
初步成形。接下来开始加工大勺子的形状。

05
用刻刀修整。以之前描画的线条为基准切削加工。

06　　　Point
横向侧面也要用铅笔沿着纸样描画轮廓。侧面是有弧度的，画线的时候注意将纸样固定好，不要歪斜。一侧的轮廓画好之后，将纸样翻转，继续将另一侧也描画上轮廓线。

07
以勺子凹陷侧以及侧面所描画的线条为基准，用类似于倒角加工的方法将多余的木料削掉。凹陷部位稍后会进行精加工，因此，此处可不用花时间修整。

08
手柄的正面和后面端头部所画的线条也以同样的加工方式削掉多余的部分。

09

按照描画好的线条所削好后的勺子表面。以该状态为大致目标推进步骤07和步骤08。

10　*Point*

加工手柄时，可以先倒角加工，再对剩下凸起部位切削就容易多了。

11

开始雕刻大勺子的重点部位——凹陷部。在距边缘2mm左右的位置处描画好轮廓线。

12

用半圆凿在画好线条的内侧加工，要加工成下面照片所示程度，注意不要切削过度。

13

接下来加工凹陷部的背面。以侧面的线条为大概的基准，如图片所示那样加工。

14

手柄部分的背面一侧也同样以侧面的线条为基准切削加工。切削面较宽，先倒角后切削比较容易加工。

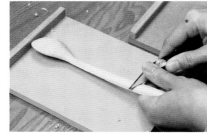

Check

到步骤14的工序全部完成的样子。确认凹陷部分和手柄弯曲度等各部位的样子。

17

将大勺子手柄的背面加工成平缓的抛物线形状。

18

手柄的正面也是抛物线形状，侧面轻微倒角加工，凸显其特征。

15

此步骤开始对整体形状进行修整。凹陷的背面要切削加工，使之圆滑。

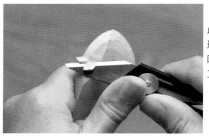

19

修整加工凹陷部，勺子的底面使用弯曲的半圆凿加工会更加平滑。

16

手柄的正面和背面都要加工。目前为止棱角比较大，需要修整到适合的形状。

20

大勺子修整好后的样子。做成自己理想的形状了吗？不要着急，一点一点加工修整成属于自己的形状。

21

最后用砂纸均匀打磨。如果想要凸显作品的切削雕刻痕迹，可省略该步骤。

22

可以用牛奶盒等物品代替涂漆用的调色板，晾干后，垫上厨房用纸，便成了便当盒。

Check

七叶树的耐腐蚀性和耐久性较差，需要涂抹天然素材的生漆来完成最后工序。此处采用初学者也能简单上手的"刷漆"技法，不断重复将生漆涂抹晾干的工序，重现深沉的色调。（想要尝试涂漆的读者请参照第60页）

完成！

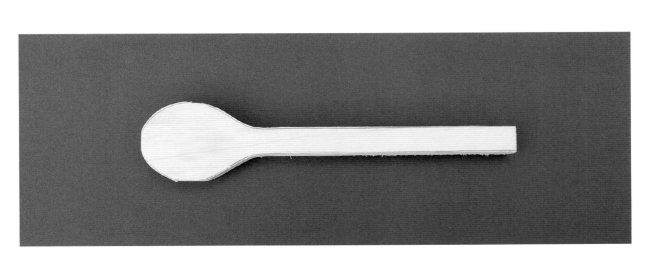

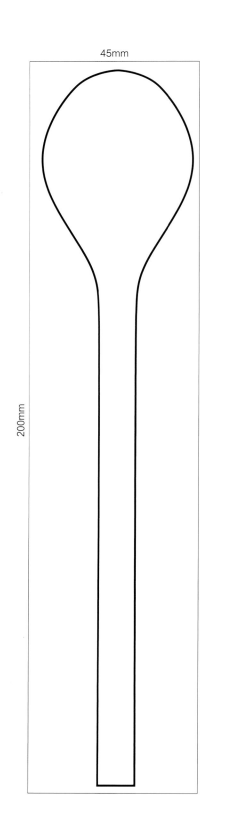

45mm

200mm

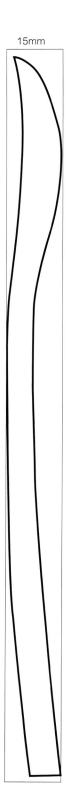

15mm

大勺子的纸样

※ 采用长 200mm × 宽 45mm × 高 15mm 的木料。

作品制作要点

大勺子给人留下最深的印象其实是手柄部的曲线。以做出体现优雅感的勺柄为目标，尝试专心致志地削刨吧！另外，体积较大的大勺子还有很多可以体现其个性的部位。尽可能地动手，体验其中的乐趣吧！

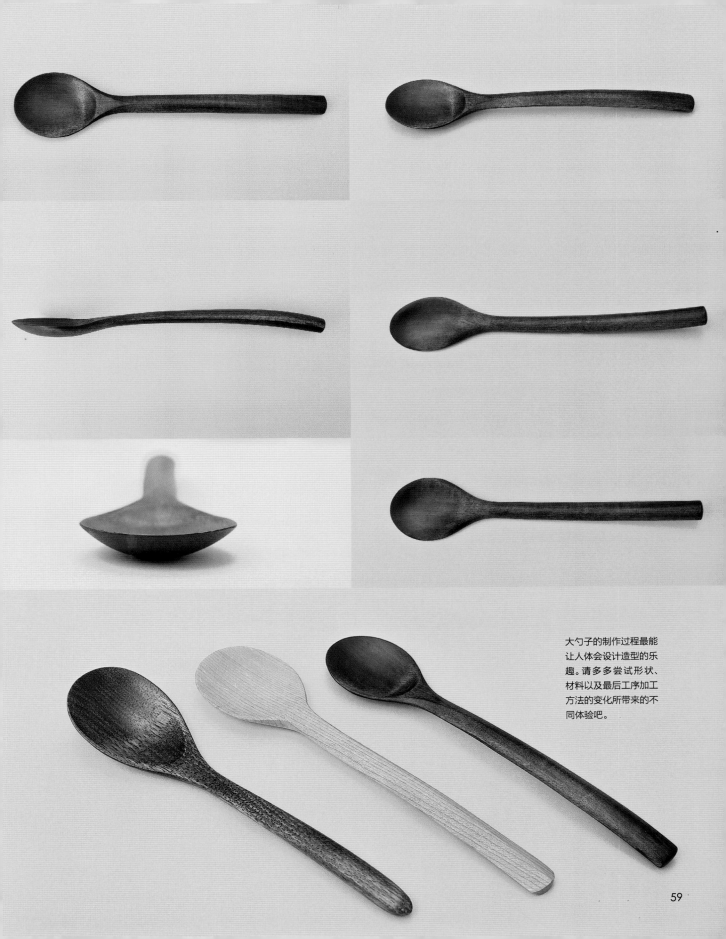

大勺子的制作过程最能让人体会设计造型的乐趣。请多多尝试形状、材料以及最后工序加工方法的变化所带来的不同体验吧。

59

涂漆加工

洋溢着传统趣味的涂漆工序

听到漆这个词语，大部分人可能会想到散发着哑光的碗、盆、重箱（日本的多层木盒，盛放食品用），然后会想到词语"漆黑"所表述的厚重感，觉得漆应该是很复杂的东西。实际上并非如此。从古至今，涂漆时使用的漆都是100%的天然材料，干燥后对人体完全无害，即使含到嘴里也是安全的。用传统工艺加工涂漆会很麻烦，但若用前文"用七叶木制作大勺子"中介绍的那种擦漆方法的话，就简便多了。

协力单位：播与漆行（公司）

擦漆（刷漆）

涂漆的技法有很多种，其中最基本且最简单的方法就是擦漆了。该技法使用从漆树中获取的树液过滤出的原液即生漆，将该原液涂抹到木料上，就能使木料的纹理更鲜艳，作品整体焕然一新。生漆的涂抹方法有使用棉球涂抹的方法和用专用毛刷擦拭的方法。无论哪一种方法，最后一道工序都需要用棉布或薄毛织物擦拭，这道工序被称为擦漆，这种将生漆不断擦拭使之渗入木料的做法还被称为刷漆。接下来就为大家介绍一下擦漆的方法。

＜工具和材料＞

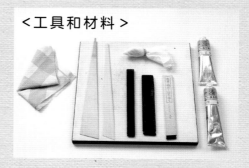

工具有擦拭用的布、调色台、刮板、毛刷或者棉球，使用生漆作为材料。如果调色台不好准备的话，可以用木板代替。生漆分为日本产的漆和中国产的漆。

棉球涂法

棉球涂法是指涂漆时不使用毛刷，而使用以布料固定的棉球将漆料擦到木料上的技法。因为不用事前准备毛刷，所以想要一试为快的朋友，可以先采用这种方法进行涂漆。

涂漆之前的勺子。材质为核桃木。用400＃的砂纸打磨勺子表面。打磨的效果决定整体的质感，所以不要图省事，要仔细地将勺子表面打磨得圆润、平滑。

用棉球涂法加工好后的勺子。纹理逐渐凸显出来，散发出独特的韵味。

01

02

01 制作涂漆用的棉球。用纱布将折叠成小块的布料包起来。

02 将包起来的部分用橡皮筋紧紧绑住以固定，防止散开。

03

04

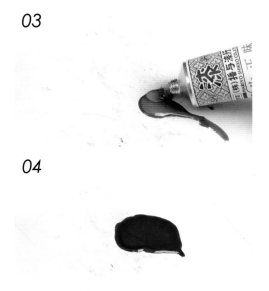

03 将生漆挤到调色台上。给勺子涂漆的话只需要挤出一点点的量就够用了。

04 生漆的成分可能会分离，因此，使用前要用刮板将其充分搅拌，使其性质变得稳定。

棉球涂法

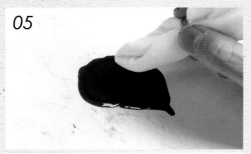

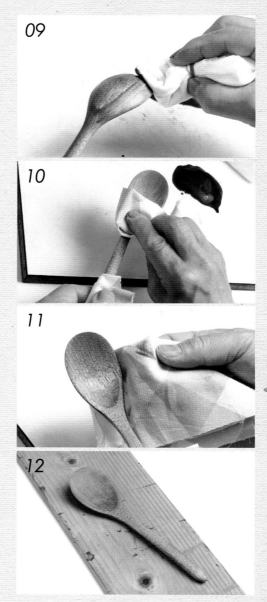

05 用棉球的端头蘸取调色台上搅拌好的生漆。不需要一下蘸太多，少量蘸取即可。

06 将生漆涂抹到木料上。一般先从作品手柄的背面开始涂。

07 背面一侧涂好后翻个个儿，继续涂表面一侧。涂的时候需要随时确认均匀程度，避免不平整、不均匀。

08 手柄的表面和背面都涂好后，用擦拭用的布料包住手柄，再涂抹剩余部分。

09 仔细涂抹，整个作品表面都要涂抹。注意边缘部位最容易漏涂。

10 作品整体都涂抹好生漆后，用擦拭用的布料擦拭整个作品表面。

11 一直擦到擦拭用的布料上不再沾漆为止，擦拭工作就完成了。

12 放置到板子上充分烘干。烘干的方法和时间等详细内容会在第64页进行介绍。

毛刷涂法

本书将介绍使用毛刷涂漆的方法。涂漆有专用的毛刷，此处使用的正是专用的毛刷，但专用毛刷价格比较贵，如果只是想尝试一下的朋友，可以使用身边现有的毛刷或笔刷。

此处以榉木制作而成的平盘来进行解说。请注意其纹理变化。

涂好后烘干，经过反复几次的涂刷，平盘表面呈现出光泽。

01

02

03

04

05

06

01 将生漆挤到调色台上。充分搅拌生漆后用毛刷少量蘸取。

02 无论什么作品，一般都是先从背面一侧开始涂刷，并少量均匀地一点一点地涂刷。

03 拿盘子时要用擦拭用的布垫住，通过不断变换手拿的位置，将盘子背面整体涂漆。

04 背面涂刷完后，将正面也涂上。涂刷的时候不要有遗漏。

05 整体都涂刷完后，同棉球涂法一样，用擦拭用的布仔细擦拭整个作品表面。

06 将作品放置到木板上，在适当环境下充分烘干。(参照第64页)

烘 干

漆的理想烘干条件是温度15~25℃、相对湿度70%~80%。一些专业人士会按照这个条件建造一个专门用来烘干的漆室，但是要建造一个漆室工程浩大，因此在此介绍一种稍微简单一点的方法——浴室烘干法。在温暖的季节，洗完澡后的浴室其实就是理想的烘干环境。只要将涂完漆的作品放到浴室里，就会自然烘干。

用棉球涂漆时，可以将棉球与涂好漆的作品一起烘干。用棉棒按压棉球的头部，如果没有沾上漆料，则可判断作品已经烘干。

毛刷的清洗方法

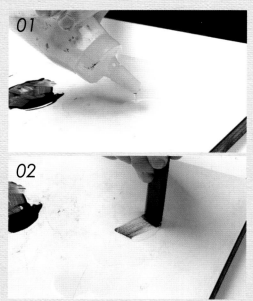

01

02

03

04

01 使用色拉油清洗附着漆料的毛刷。在挤生漆的调色台上倒少许的色拉油。

02 将毛刷在色拉油中来回洗刷，将毛刷沾染的油漆溶解到色拉油中。

03 使用平刮板等工具快速将笔尖上附着的漆捋出来。

04 一直清洗到漆料再也溶解不到色拉油中为止。

材料不同，表现也不同

在涂漆作业中，使用生漆的擦漆法，能充分表现各种木材独具特色的纹理的光泽和深度，继而更深层次激发出材料本身的魅力。这里选择了几种常见木材进行作业，可以看到木材纹理在未擦漆、擦漆1次、擦漆2次、擦漆3次（从左至右）这4种情况下的表现。

核桃木

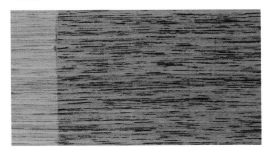

樱木

栗木

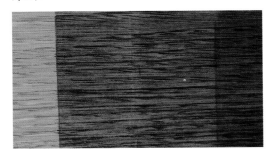

七叶木

银杏

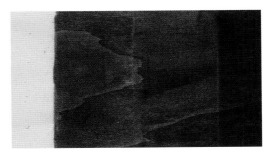

硬枫木

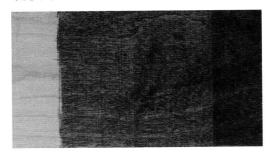

正式的涂漆

与适合初学者的擦漆法相比，制作传统漆器所用的涂漆技法工序非常繁杂。且随着地域的不同，涂漆技法的过程差异也很大。作为参考，这里介绍的是工序最为精简的传统涂漆技法，感兴趣的读者可到各地相应的教学工作室进一步学习。

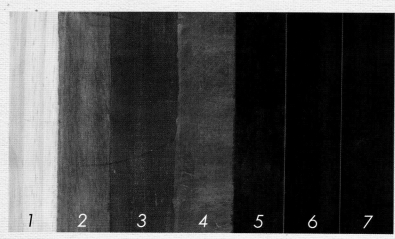

1 砂纸打磨完后木料纹理的状态。

2 用刷子涂抹生漆当作基础漆，将其烘干。

3 使用漆糊（将上新粉下锅煮成糊状，混合了生漆的物质）将麻布贴到表面。

4 在麻布的上面涂防锈漆（在沙粉中倒入少量水，混合了生漆的物质），做填充。

5 涂抹日本黑漆作为底漆。

6 涂抹日本黑漆作为第二层漆。

7 涂抹日本黑漆作为最后一层漆。

柔和的餐具

这些涂漆加工精美的作品是合作方播与漆行的所有品。其涂漆的质感自不必说，一眼就能看出这正是作品所吸引人的地方，有些地方有些部位让人感觉独树一格。其实，这些作品都是为残疾人制作的，是为了让那些有障碍的人们能够方便使用所构思的"柔和餐具"。这些餐具的制作者是佐竹清光氏，他在石川县开有清光工坊。以销售漆器为本职工作的佐竹氏还根据使用者的不同需求进行创作。从这些代表了餐具制作新方向性的精美作品中，是不是能够学到一些东西呢？

日本人和漆 ~日本人和日本~

对于漆，日本人是非常熟悉的。即便在西洋饮食和西洋食器大行其道的今天，漆器仍然随处可见。人们总认为漆器是从中国传过来的，但考古调查显示，9000年前日本人就已经开始使用漆器了。

漆器与人的皮肤亲和度高，使用漆器并不会对人体造成伤害。尽管有些人会因体质原因起斑疹，但很快就能自愈。漆是天然物质，就算进入人体，也会很快被排泄出来的。

另外，漆在干燥过程中不会消耗能量，因为它是天然物质，即使被废弃也会回归土壤。所以说漆是很环保的材料。过去，漆曾广泛用于黏着剂和船底涂料（真货的代名词），现在只能在一些传统工艺品上见到了，但喜欢涂漆的大有人在。

实际上，只要将一道道涂漆工序贯彻到底，就一定会有结果，即使一般家庭也能轻松完成。

播与漆行（公司）
地址＝东京都台东区台东2-24-10 ST大厦2层
电话＝03-3834-1521 传真＝03-3834-1523
营业时间＝10:00-17:00　休息日＝周一
URL＝http://www.urushi.jp

箕浦和男
负责漆工材料的销售，主持召开漆工课堂，也是播与漆行公司的代表，还担任日本漆工协会的理事，一直致力于普及、推广漆工艺。

用栗木制作
托 盘

手工制作的木托盘上
放着美味的红茶
和点心
这是款待我自己的时间

栗木

栗树分布于世界各地，很常见。日本民间传说"蟹猿合战"中，猿猴被围炉里弹出来的栗子狠揍一番。其实很久之前，日本人就已经开始食用栗子了，还将栗木用作建筑材料。

胜栗在日本是有名的吉祥物。用杵轻轻捣一下，将干栗子的外壳和干皮去掉即得胜栗，这是因为日语里"捣"和"胜"谐音。作为建筑材料，丹波的加工方法"名栗"非常有名：用工具"揍打"切削木料表面。

栗木的耐腐蚀性、耐久性很好，成品的形态也很美，所以人们爱把它用作建筑物的地基角以及装饰物上。栗木是木材中的精英。

木材详细

树 名	日本栗
分 类	壳斗科栗属
学 名	*Castanea crenata*
硬 度	普通
可加工性	一般

栗木很适合用于制作托盘这种面积较大的作品。纹理并不粗糙，横断面上布满小点，若制作小巧的东西就不能体现出材质的特征。

托盘的制作方法

01

准备一块180mm×130mm×15mm的木料。这个尺寸就是完成品的大小了，也可根据需要进行调节。

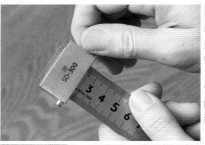

02

在托盘上描画一圈边缘线。如果使用带卡条的定规，则可以轻松地画出等宽的线条。此处画的是3mm宽的边缘线。

03

将端角部位画成圆弧状。随意发挥即可，将边角描画成圆滑的曲线。

04

在画好的线条内侧凿出一圈沟槽。注意不要把画好的边缘线削掉。

05

从加工好的沟槽的内侧开始刨削。范围较广，使用大号半圆凿加工比较省力。

06　　*Point*

但是要注意的是木料有容易刨削的方向（顺方向）和不容易刨削的方向（反方向）。如果反方向进行刨削的话会比较费劲。

07

如果发现自己刨削方向为反方向，可以将木料旋转180°，沿着顺方向刨削加工。这样比较省力，刨削过的表面也比较整洁。要不时地注意刨削方向。

08

加工到一定程度后，使用小号的半圆凿小心地加工边沿附近的部位，将该部位修整齐。

09

将适当长度的直板贴到加工后的表面上，确认加工面是否平整。如果有弯曲部位，则加以调整。

10

如果用带卡条的定规，还能测量深度。该作品加工了5mm的深度。可以按个人喜好加工。

11

在背面加工把手部分的凹陷。将纸样对齐到简短的横断面和木板背面的侧面上，将曲线线条描画上去。

12

相反一侧的边上也要画上同样的线条。两面的线条像是夹着一个角一样。

13

沿着画好的线条将角部削掉。

14　　*Point*

像这样两端都加工上凹陷的话，托盘放到桌子上就比较容易抬起来。

15

将四个角削圆滑。也可以使用小刀加工，用较平的雕刻刀小幅度削的话比较容易。

16

用包裹着平木片的砂纸将背面打磨平滑。表面也同样用砂纸打磨平滑。

17

侧面也同样打磨平滑。可以充分利用桌子边缘辅助操作。

18

接着用砂纸将四个边角的曲线也打磨平滑。

19

背面和表面的棱角部位也要用砂纸轻轻打磨一下。如果棱角过于锐利，端托盘时手有可能会痛。

20

将木头粉末清理干净，给整体都涂抹上橄榄油。多余的橄榄油用干燥的布料擦拭掉。

完成！

作品制作要点

乍一看去似乎是简单易做的作品，操作步骤确实很简单，没有困难的地方，但是需要刨削加工的地方很多，如果不熟练的话会花费较多的时间。想象托盘上会放置杯子等物品，将杯子等物品的形状凹陷也加工上去的话，作品的原创感便会大大提升。因为本作品的表面面积较大，如果能将木料的纹理呈现出来，那么作品可能会更加有趣。

托盘的纸样

※ 采用长 180mm × 宽 130mm × 高 15mm 的木料。

15mm

130mm

形状非常简洁，是极具创作价值的作品。多做几张凑成一套可提升作品的魅力。成套的原创托盘在接待友人的茶会上必定会大放异彩。

小碟子很可爱
几个碟子摆放到一起
一定会很有趣
盛放像豆子一样的橄榄的话
应该会更有趣的
接下来放什么上去好呢

用橄榄木制作

小碟子

橄榄木

橄榄树原产于西班牙，广布于地中海沿岸，欧洲大陆地区也有很多。其果实及橄榄油可食用，其木材很久之前就被用于制作食器等物品了。

在意大利的国旗上就有橄榄元素。与鸽子一样，橄榄也是和平的象征，这源于《圣经》上的神话故事：诺亚从方舟上放出了鸽子，鸽子回来时衔着橄榄枝，诺亚由此知道洪水已退。

橄榄树是在文久元年（1861年）被引进日本的，没有被当建筑材料使用过。所以，如果突然见到有小碟子是用橄榄木做的，一定会让人很吃惊。

木材详细

树　　名	橄榄
分　　类	橄榄科
学　　名	*Olea europaea*
硬　　度	硬
可加工性	困难

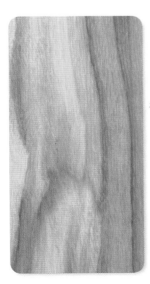

橄榄树生长很慢，所以木材的纹理密实，同时材质较硬，加工时会有些费力。橄榄木的纹理质感很强，非常漂亮，随着材料的老化，其魅力反倒会逐渐增强，很受木作人欢迎。

在日本，橄榄木很难买到。刚刚砍伐的橄榄木，很容易折断，需要涂抹少量的胶水等进行保护，再放置一段时间，晾干后才能使用。

小碟子的制作方法

01
准备一块长80mm×宽55mm×高15mm的木材。

02
将纸样覆盖到木料上，用铅笔描画其轮廓。其他的作品制作也是一样，铅笔画的线条容易被蹭掉，因此务必将线条画得深一些。

03
将木料固定好，用钢丝锯沿着铅笔所画的线条轮廓切割。

04
不要一次性切出来，按顺序切掉四个角的加工方式会比较简单。

05
用小刀将钢丝锯切出的侧面修整平滑。

06
为了凿出凹陷部位，需要画出1mm左右宽的边沿轮廓线。手指顶住铅笔的笔尖，用手指引导，尽量描画出均等的边沿。

07
用半圆凿从边沿的线条开始向内侧一点点地进行刨削。

08

通过更改角度使凿出的凹陷更加协调。将固定碟子的手的食指搭到雕刻刀上能够更好控制刀刃。

09　*Point*

用较大号的半圆凿将波纹样的痕迹以及凹凸不平的部位修整平滑。凿圆形部位时，不是向四面八方乱凿，而是沿着纹理朝着一个方向凿，这样加工效果会更好。

Check

在小碟子下面垫上防滑垫，能够增强加工时的稳定性。

10

正面加工完之后翻个面，继续加工反面。按照个人喜好加工底面的形状，并先用铅笔将线条轮廓描画出来。

11

朝向线条的外侧用小刀加工碟子的形状。将碟底的一周均匀地切削加工。

12

在碟子底面的内侧一周描画一个小的圆形。

13

对步骤12所描画的圆形的内侧进行刨削，加工出凹陷。注意不能凿穿到正面，在表面进行轻微刨削即可。

14

用150#～240#的砂纸依次打磨，将小碟子的表面加工打磨平整。

15
将小碟子的表面及边缘部分加工后，整体的形状就能看出来了。

16
用240＃的砂纸打磨加工后的样子。还需要继续进行加工，将作品表面打磨得更加平滑一点。

17
涂抹橄榄油，再将多余油分擦掉就完成了。碟子表面显现出美丽的纹理。

完成！

作品制作要点

小碟子的形状各种各样，此处所加工的小碟子的形状只不过是无数形状中的一种。
以此作品为线索，多多地尝试制作些富有魅力的小碟子吧。当然，也可以参考这一系列的制作方法探索出自己独有的方法。

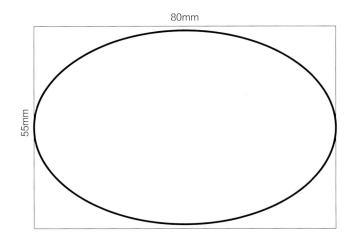

80mm

55mm

小碟子的纸样

※ 采用长 80mm × 宽 55mm × 高 15mm 的木料。

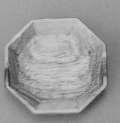

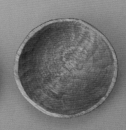

这里汇集了用各种材料制作的各样形状的小碟子。

圆形、八边形、菱形、花瓣的形状……
如果是你的话，会做什么形状的小碟
子呢？

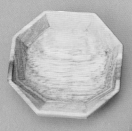

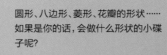

79

用核桃木制作
咖啡量勺

享受着沙沙的触感
使用自制的咖啡量勺
为自己冲一杯美味的咖啡吧

核桃木

与核桃可爱的果实形象相反，遍布日本的一个核桃品种却叫作鬼核桃。好冷酷的名字！因为核桃的外皮凹凸不平，让人容易联想到鬼脸。此外，此名字也与"黑果实"有关。美国的中部有一种叫作美利坚黑胡桃的核桃品种，该品种与日本的核桃相比，颜色更深，材质更硬，与柚木、红木一起被称为世界三大珍贵木材，常用于制作高级家具以及工艺品等。无论是哪个品种，核桃木都是流通量较大、容易采购的木材。日本的核桃木可加工性非常高，制作家庭餐具的话，推荐使用该木材。

木材详细

树　　名	核桃、鬼核桃
分　　类	核桃科核桃属
学　　名	*Juglans mandshurica var. sieboldiana*
硬　　度	稍显柔软
可加工性	容易

该木材可以说是本书所介绍的木材当中最柔软的。既容易切削加工，又适合雕刻大型的作品。用牙齿咬也不会感觉硬，非常适合制作小孩子用的餐具。但不适合制作叉子之类容易折断的东西。切削加工时表面容易起毛，需要小心谨慎。其纹理比较明显，制作时要充分利用这一点。

咖啡量勺的制作方法

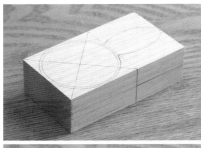

01
准备一块长80mm×宽45mm×高25mm的木料。按照第84页的纸样描画好线条轮廓。背面也要画线。

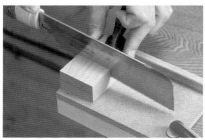

02
将勺子手柄下侧多余的部分切掉。先从背面一侧开始,切到侧面的中线为止。

Check
切割面积较大、深度较深的材料时,如果有锯子的话,会更加方便。

03
这次从手柄的后面一侧切进锯子,切掉手柄下侧的部分。

04
手柄部分下侧切掉后的样子。

05
将手柄两侧面多余的部分切掉。首先,按照照片上所展示的那样横向切割,然后再沿着手柄的线条从后侧切割。切割时注意不要将手柄部分切掉。

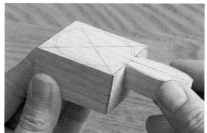

06
手柄部分的形态做出来后,接着将咖啡豆部分的周边切掉。

07
将四个角一个一个地切掉。

08

咖啡量勺的原型就切出来了。接下来开始修整其形状。

09

用小刀将舀取咖啡豆部分周围的凹凸不平修整平滑。

10

使用半圆凿加工舀取咖啡豆部分的内侧。

11

凿得深度较深，需要不时确认底面的厚度，确保不会加工穿孔。

12

凿到满意的深度后，使用较大的半圆凿修整凹陷部位的内侧。

13

舀取咖啡豆的部位凿好后的样子。就好像捣年糕的臼带了手柄一样。

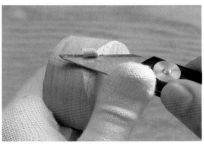

14

将舀取咖啡豆部分的下侧削圆。不需要一次削太多，从端角部位一点点切削加工效果会更好。这次要凸显切削痕迹，最后加工成照片中的样子即可。

15

手柄部分加工成自己喜欢的形状，将需要切削部分画上线。

16

沿着线条将多余部分切掉。为了方便使用，手柄的背面一侧设计了凹陷。

17

加工出的手柄就像狐狸的尾巴一样。

18

用砂纸将有较大凹凸和毛刺的地方打磨平滑。

19

最后整体涂抹橄榄油。

完成!

咖啡量勺的纸样

※ 采用长 80mm × 宽 45mm × 高 25mm 的木料。

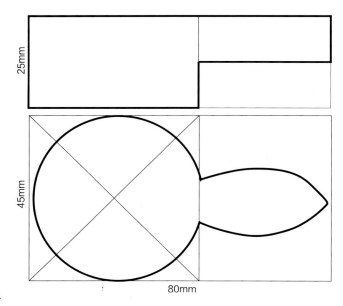

25mm

45mm

80mm

作品制作要点

咖啡量勺虽然是一个小小的作品,但是既要切,又要削,还有很多需要雕刻的部分。仅仅裁切其外部形状便可能会很费力气,如果是采用可加工性非常高的核桃木的话,便会非常轻松。

这个量勺的外观设计很灵活，可以更改舀取咖啡豆部分的形状，或设计个性的手柄等，大家可以尝试设计各种不同的样式。

用色木槭制作

叉子

这是日本以前所没有的工具
尝试使用后发现意外的方便
可以根据使用者手的大小进行制作

色木槭

叶子层层叠叠，就好像木板做成的房檐那样能够躲雨，所以色木槭被命名为"板屋"，与拥有美丽红叶的"枫树"同属槭树科。色木槭生长在高地上，因生长过程中不断被强风冲击，所以产生了"泡纹"这种有意思的纹理（左下照片）。该纹理从古代开始就被珍视，纹理优良的木材具有非常高的价值。同属于槭树科的还有一种叫作毛果槭的树（右下照片）。将该树的树皮煎后喝下对缓解眼部疲劳和治疗眼部疾病有很好的效果。说不定同属于槭树科的色木槭所制成的餐具也会对人体的某些部位有益处呢。

木材详细

树 名	色木槭
分 类	槭树科
学 名	*Acer mono Maxim.*
硬 度	有些硬
可加工性	一般

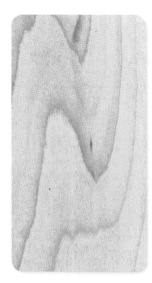

虽然有些硬，但是其可加工性却意外的高，完成品的光泽也很漂亮。具有容易吸收湿气、容易变形的特质，但如果是制作餐具这种小型物件是没有问题的。该木材市场流通量较小，不容易采购到手。在利用该木材制作作品时，请努力体验其颇具趣味的纹理。

叉子的制作方法

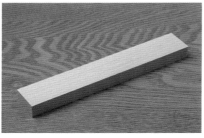

01

准备一块长190mm×宽30mm×高15mm的木料。

02

将纸样对齐到木料上，用铅笔小心地沿着其外沿描画其轮廓。

03　*Point*

将叉子的尖头宽度做好标记。将上面的线条延长，如照片中那样向下延伸。

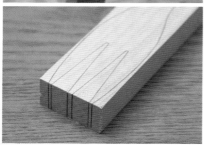

04

将材料固定好，沿着画好的线条将叉子的形状切出来。注意不要将叉子端头的部分（间隔）过度切割。

05

手柄的侧面也要沿着线条切割。切好后的状态如左侧照片。

Check

用小刀对钢丝锯不能切割到的部分进行修整，将侧面的弯曲部位描画出来。

06

将纸样贴齐到侧面，描画好侧面的弯曲部。叉子的端头、中间部位以及手柄端头需要严格对齐。画的时候注意纸样不能有歪斜，要画出正确的曲线。

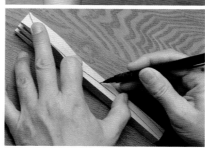

Check

沿着侧面的弯曲描画出平滑的线条就可以了。

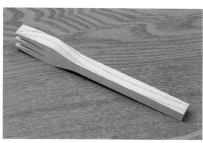

07

将纸样翻转贴齐于另一侧面，画出同样的线条。

08

将叉子正面一侧，叉食物时所使用的凹陷部位削出来。以侧面描画好的线条为界线，用类似于倒角的加工手法从外侧开始一点点地将木料多余的部分削掉。

09

先对侧面进行倒角加工的话，内侧残留部位（像小山一样的部分）会比较容易加工。

Check

并不一定所有部位都用小刀切削加工，也可以用雕刻刀以向上刨削的方式加工。

10

沿着侧面的线条，将叉食物的一面削整平滑。

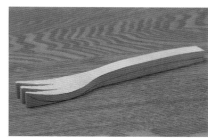

11

手柄后端多余的部分要削掉，将正面加工成与侧面线条相同的弯曲形状。

12

以两个侧面的线条为界线，同正面相同，将背面多余的部分削掉。然后对整体做粗略加工，将超出线条的部分削掉。

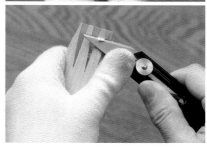

13

沿着手柄的背面、侧面的线条做倒角加工。

14
背面整体粗略加工后的样子。

15
加工时把握好整体的平衡，将手柄背面一侧剩余的凸起部分削掉，修整成自己喜欢的形状。

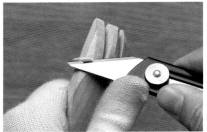

16
叉子尖头一端的侧面用倒角的方式将菱角部分削掉。切削过度会导致强度降低，加工时需要注意，要一点点地慢慢削。

17
继续切削背面部分后叉子大体的形状就出来了。之后需要进行局部切削，加工出容易使用的叉子来。

18
修整叉子端头尖头开叉部分。用倒角的手法一点点切削。

19
正面稍微切削加工后，继续加工背面，加工时注意正反面的协调性。

20 *Point*
叉子端头的尖头分叉部分有时小刀也不容易切削到。这时可以更改持刀的方式或更换扁平的雕刻刀等，然后小心地切削加工。

21
端头的形状修整好后，使用铁锉（砂纸也可以）将凹凸不平的地方打磨平整。

25
切削出自己满意的形状后，用砂纸对叉子整体进行打磨，将整体表面打磨平滑。

22
手柄的形状直接影响使用叉子的舒适感，因此要根据使用者的手的大小及喜好进行加工。

26
涂抹上橄榄油之后就算完成了，如果同大勺子一样刷上漆的话，更加能够提升作品的魅力。

23
加工作品时，手柄中间位置到背面以外的部分，前侧（叉子端头的根部）需要加工纤细。

完成！

24
手柄整体正反面都需要稍微倒角加工。用手指按住小刀会方便加工操作。

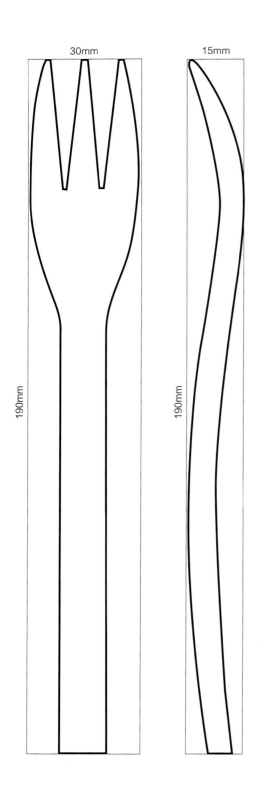

30mm

15mm

190mm

190mm

叉子的纸样

※ 采用长 190mm × 宽 30mm × 高 15mm 的木料。

作品制作要点

叉子制作的要点说到底就是用小刀将端头分叉部分修整的作业。用叉子卷意面的时候，尖头的长度和开叉间隔的重要性就体现出来了。

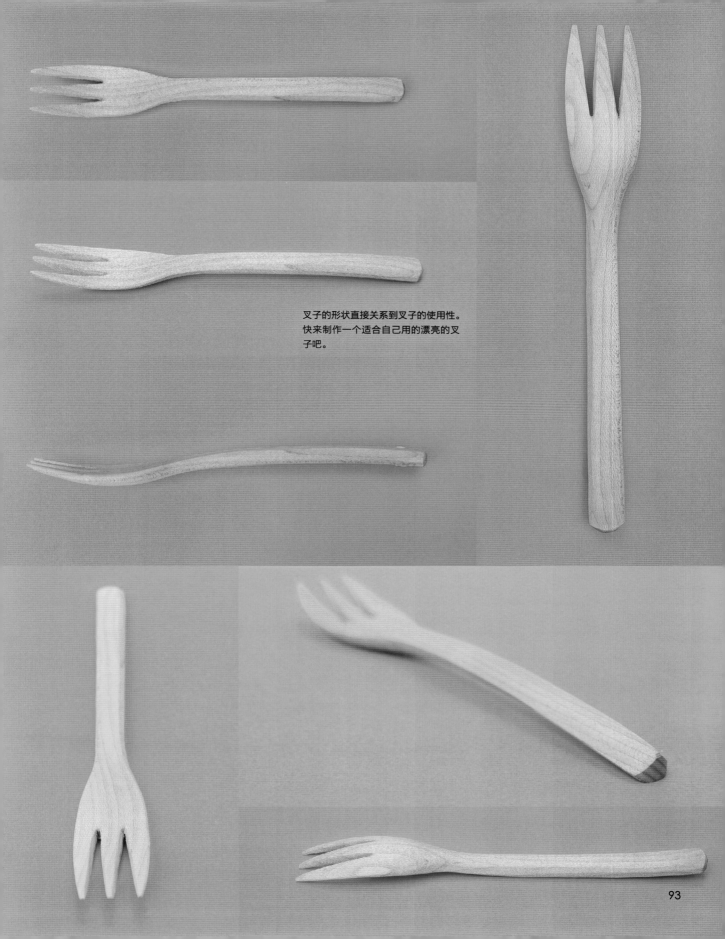

叉子的形状直接关系到叉子的使用性。
快来制作一个适合自己用的漂亮的叉
子吧。

最后工序用的各种油

为了使木头制作的餐具能够长时间持续使用，给刚制作好的餐具表面涂抹食用油并充分烘干的表面处理是非常重要的。在此介绍各种适合最后工序使用的食用油，希望对大家有所帮助。

橄榄油

橄榄油是从橄榄树的果实中提取出的食用油，其特点是不容易氧化。虽然是不容易凝固的不干性油，但是仔细擦拭，使其充分干燥的话就没问题。无论在哪都能轻松购买到。

亚麻籽油

亚麻籽油是从亚麻的种子中提取的食用油。它是接触空气后会发生硬化的干性油，也被用在木制品的最后工序上。比其他食用油的价格高一些，其加工效果非常漂亮。

白苏子油

白苏子油是从一种叫作白苏的植物的种子中提取出来的食用油。它并不常见，同亚麻籽油一样也是干性油，适合用于木制品的最后加工。也许你会喜欢其独特的气味。

核桃油

核桃油是从核桃仁中提取出的干性油。渗透后能够使木料树脂化，得到充分的保护效果。虽然有专门作为木制品加工用的核桃油，但是餐具制作还是要选用食用的核桃油。

CAUTION

刷上油后
要彻底干燥！

以上介绍的各种食用油的干燥与硬化所需的时间都是不同的。如果将涂抹好油的作品放置到没有做表面处理的木料上，其接触部分的油分可能会转移，因此使用前要放置到通风性良好的地方进行阴干。

木质餐具的维护

自己制作的木制餐具如果使用,那么就会和其他的餐具一样变脏污。

用完之后肯定要进行清洗的,为了能够长期使用,需要在清洗的方法上下一点功夫。

简单的4STEP

STEP 1

用完之后要马上进行清洗,不能放到水槽里浸泡。木料的表面柔软,容易划伤,请使用抹布或是海绵等工具轻柔地清洗。

STEP 2

将脏污清洗掉后,用清水充分冲刷。因为冲洗会使水分浸入到木料中,所以冲刷时间不要过长。

STEP 3

冲洗完后,将餐具表面擦干。以照顾木料的心情,使用柔软的布将其擦干净。

STEP 4

将表面的水分擦拭掉后,将餐具放置到干燥的布料上晾干。干燥后如果对餐具起毛的地方很在意的话,可以重新给表面涂抹食用油。

咨询了TOKYU HANDS的店员
木工的便利工具

虽然使用简单的工具就能制作出来,但是有很多工具却能使加工操作的过程更有趣味,使作品更加漂亮,如果不了解的话也是一种损失。TOKYU HANDS 涉谷店的店员对制作工具进行了详细介绍。

学习工具的
使用方法!

TOKYU HANDS 涉谷店
尾崎 弘幸 先生

刀 具

刀具是切削木料时所必需的工具。可替换刀片的小刀价格便宜,常用于小型作品的制作。右下照片上这种带刀鞘的正式的工具被叫作"小尖刀",是钢制的,变钝时需要进行研磨。请按照自己的喜好挑选。

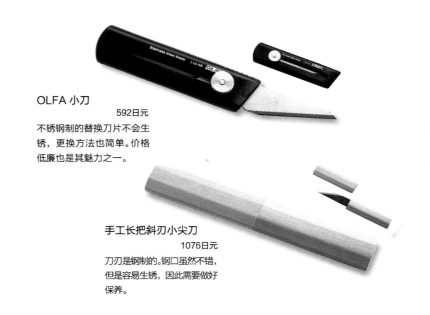

OLFA 小刀
592日元
不锈钢制的替换刀片不会生锈,更换方法也简单。价格低廉也是其魅力之一。

手工长把斜刃小尖刀
1076日元
刀刃是钢制的。钢口虽然不错,但是容易生锈,因此需要做好保养。

原木刀鞘的打开方法

木制的刀鞘会根据季节的不同或松或紧。请记住安全的打开方法。

以连接部位为中心双手握拳一样紧挨地握住刀具。

这样缝隙就会打开，很轻松地拿下刀鞘。注意强力拔出容易受伤。

● 收纳刀鞘的时候

刀鞘盖子一侧的顶端被削成倾斜的样子，很容易辨认。倾斜部同刀刃的朝向不一样的话，刀刃部分会插不进去。

● 握刀的方法

对于握刀方法，可替换式和不可替换式的刀都是一样的，将刀刃朝向前方切削。用握刀的手的拇指压着刀背并往前推以切削木料。

● 刀刃的维护保养

小尖刀是钢制的刀具，容易生锈，因为刀刃无法更换，肯定会发生卷刃等现象。如果对研磨刀具没有信心，可以选择使用替换式的刀具。

● 刀刃替换

可替换刀片的小刀的刀片都是用螺丝固定的，替换操作非常简单。但是，请替换型号对应的刀片。

量 尺

形状简单的作品中不需要对纤细部分的长度和宽度过分要求，但是如果需要使各个部分的宽度一致时，或是需要画直线的时候，还是准备一个量尺比较好。本书中所刊登的餐具用15~30cm量尺就足够了。带挡板的定规会更方便，推荐使用。

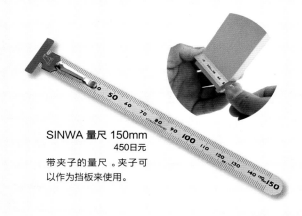

SINWA 量尺 150mm
450日元
带夹子的量尺。夹子可以作为挡板来使用。

携带式卷尺　630日元
造型可爱的卷尺。精细测量不适用，但是携带方便。

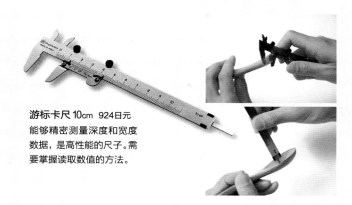

游标卡尺 10cm　924日元
能够精密测量深度和宽度数据，是高性能的尺子。需要掌握读取数值的方法。

读取卡尺刻度的方法

首先下面的刻度上"0"的位置比相对应的上面"15mm"的刻度位置要稍微多一点（①）。然后查看上下刻度相重合的位置，读取下刻度的数值即为"7"（②）。1/10的数值结果为"0.7"，与刚才的数值相加就成了"15.7mm"。

锯 子

像餐具这种小型的作品，尽可能使用钢丝锯这种精度较高的工具加工比较合适。替换用的刀片既有木工用的，也有金属用的，挑选适合的刀片即可。钢丝锯切割直线较困难，这种时候选择使用平直刀刃的钢丝锯加工。想要将木料切出自己期望的尺寸的话可以选择这种锯。

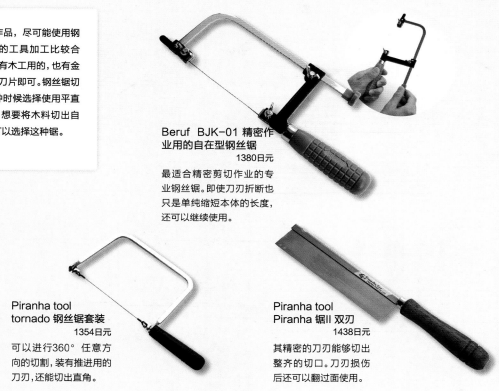

Beruf BJK-01 精密作业用的自在型钢丝锯
1380日元
最适合精密剪切作业的专业钢丝锯。即使刀刃折断也只是单纯缩短本体的长度，还可以继续使用。

Piranha tool
tornado 钢丝锯套装
1354日元
可以进行360°任意方向的切割，装有推进用的刀刃，还能切出直角。

Piranha tool
Piranha 锯II 双刃
1438日元
其精密的刀刃能够切出整齐的切口。刀刃损伤后还可以翻过面使用。

手 套

用刀具进行切割、雕刻刀进行雕刻加工操作时，都需要用手指用力推压刀具或支撑木料。戴上手心部分有防滑设计的轻薄的手套，除了能够防止手部受伤，还能降低因手滑而受伤的概率，因此非常推荐使用。

OTAFUKU
麂皮绒防滑手套　378日元
轻薄的棉质手套。手套带档，不会影响手指的活动。戴上有防滑设计的手套，作业时不容易打滑。

雕刻刀·凿子

勺子和碟子内侧的加工作业必须用到的工具就是雕刻刀和凿子。几百日元的便宜工具就足够用了，对于大面积雕刻和小面积精细雕刻作业，只要准备6mm宽和15mm宽两种尺寸的工具，就能使作业更简单，作品完成度更高。另外，准备形状不一样的平型和奇型雕刻刀，加工时会更方便。

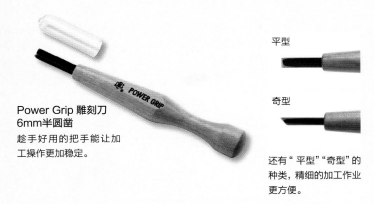

Power Grip 雕刻刀 6mm半圆凿

趁手好用的把手能让加工操作更加稳定。

平型

奇型

还有"平型""奇型"的种类，精细的加工作业更方便。

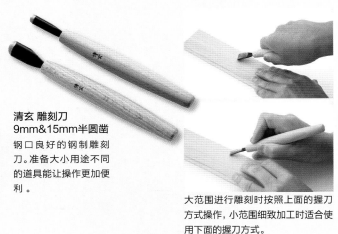

清玄 雕刻刀 9mm&15mm半圆凿

钢口良好的钢制雕刻刀。准备大小用途不同的道具能让操作更加便利。

大范围进行雕刻时按照上面的握刀方式操作，小范围细致加工时适合使用下面的握刀方式。

雕刻刀的研磨方法

使用平面的砥石研磨比较困难，推荐使用专用的带沟槽的砥石。

砂 纸

打磨作品表面加工时所必需的工具。砂纸的编号1000#和400#等是根据砂子粗细编制的编号。数字越大，砂子越细小，打磨加工得越光滑。打磨餐具时先使用150#的砂纸将雕刻刀和小刀所加工出的凹凸部位打磨掉，再用240#的砂纸收尾就可以了。

干磨砂纸

75日元

比普通的茶色砂纸的稳定性要好，砂子不容易掉下来，可以放心用于餐具的打磨加工。经久耐用，比较省钱。

打磨平面的时候，选择大小容易操作的砂纸包裹木料比较方便打磨。

夹 具

用钢丝锯的时候，必须先将作品结实地固定在桌子上。这就要用到夹具了。夹具的种类繁多，此处推荐使用C形夹具和F形夹具。另外还可使用螺丝和把手勒紧等，固定方法有很多种，请探寻自己觉得方便的工具。

宽深型C形夹具

630日元

通过拧紧螺丝的部位来操作。C形开口部位的宽度是固定的，请选用合适的尺寸。

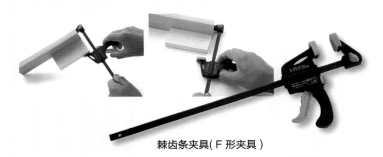

棘齿条夹具(F 形夹具)

550日元

相对来说使用宽度富余量较大。可以通过把手来简单勒紧固定。

SHOP INFO

1 网罗了丰富的种类、尺寸的木材市场
2 雕刻刀类的产品种类丰富
3 凿子、夹具等DIY用品的种类很多

东急Hands 涉谷店

住所=东京都涉谷区宇田川镇12−18
电话=03−5489−5111
营业时间=10:00~20:30
休息日=无(需要确认网页通知)
URL=http://shibuya.tokyu−hands.co.jp/

东急Hands的销售网站"Handsnet"
http://www.hands−net.jp/
※销售的商品和涉谷店有所不同。

树木知识

除了之前所使用的10种木材之外，还有很多很多其他的具有魅力的木料。
在此做稍微深入一点的介绍。

协力单位:woody plaza

木材是什么？

树木各自有各自的个性、魅力和文化。日本国土的60%以
上为森林覆盖。另外，国土竖长窄小的日本气候类型很
多，所以树木的种类也非常丰富。从古代开始就与树木
一起生活的人们，对树木是非常熟悉的，在漫长的岁月
里孕育出独特的树木文化。在感受这种文化的同时，将
树木温情的恩赐化为餐具的形状，是一件绝妙的事情。
木材非常常见，对人类来说是非常有用的素材，能够按
照想象进行加工，作品经久耐用且对人体无害。虽然利
用先进技术所制作出来的高性能素材非常方便，但是还
请回过头来，回想一下自古以来人与自然的深厚感情。

树木名称的不可以思议之处

"草"和"木"有何区别？在日本有一个比较模糊的定义，能够作为木材
使用的才称为"木"。在此谈一谈围绕着树木名称的趣事。"桐"本来并
未作为树木而被认知，后来发现能够被用作木材，由于"与木相同"的意
思其名称变成了"桐"这个字。相反，山毛榉之类树曲折弯曲较多而利用
价值较小，因"并不是木"而被称为"橅"（山毛榉）。另外，还有火之树（柏
树）——因摩擦会起火而被作为词源。关于火之树，还有一种说法是其
词源是"明日到来"这个词汇。关于树木的命名，有很多不可思议的轶事。

进一步了解树木

除了用于制作餐具的木材之外，下面介绍10种很有特色的木材。有条件的话，请一定拿到手上感受一下。

柏 树

柏木是最能代表日本的木材，它具有独特的香气，防水性能极好，用它做的柏木浴桶广受欢迎。从东北的福岛周边直到九州，甚至到中国台湾都有分布。越向北，其油分和香气就越少，纹理也越粗糙；越向南，则相反。油分和香气最适中的，是曾经的尾张藩所管辖的尾州柏树。因被称为火之树，在关西因为火灾的原因而不受欢迎。但因其耐久性非常强，还是被珍视的，因作为世界上最古老的木造建筑法隆寺的建筑材料而闻名天下。

黄柏、罗汉柏之类能代表日本的针叶树，种类很多。

柏树和杉树一样容易引起花粉过敏，部分人不喜欢，是在古事记中也登场过的传统树木。

待木材的品质稳定后采伐，其加工性、纹理、耐久性都非常出色。强烈建议采买入手。

木 兰

木兰的纹理密集且不突出，易于涂装，可加工性非常好，即使初学者也能轻松雕刻，推荐用于木餐具制作。以前的"镰仓雕刻"等用的就是它。因木纹竖向的强度很大，被用于制作木屐底面的凸起部分，称"木兰齿"。木兰的边材和心材区分明显，要格外注意。

广布于全国，可长到30米高。

木兰的叶子非常大，还可用于烹饪。"木兰叶味噌"就是在叶子上面将味噌和食材混合烧制，是飞驒高山的乡土料理。

红色部分(心材)和白色部分(边材)的分界非常明显，但是可加工性并没有什么区别。

连香树

日本的固有树木，也是独有的。(编者注：中国也有分布)可加工性超群，易于切削雕刻，常用于小学教材手工材料。但因其纹理不明显，不能显现出自然的木料形态。质量优良、微微泛红的材料，源于产自北海道的"红连香"；相对应的，关东所产的称"青连香"。

树叶居然是可爱的心形。

木材分为稍硬的部分(边材)和较柔软的(心材)部分，使用时请注意。

因为是大树，所以能够制成大件木作。

椴 木

与连香木相似，椴木的可加工性也很好，是北海道的名产"木雕之熊"的主要材料，还被广泛用于制作胶合板。虽质地柔软，但却能制作细长物件。椴木也适合制作木餐具，但其吸水能力强，需要进行涂漆处理。

同连香树一样，也是大树并且能够制成较大尺寸的成品。

纹理非常不显眼，作为木料的个性难以显现，但是如果后续加工到位也能制成漂亮的成品。

枫 树

枫树是与制作叉子的色木槭接近的树种，产于美国，分布于相同纬度的不同位置。枫树分若干种，相对于色木槭来说比较常见些。右面的左图是硬枫；右图是红花槭，纹理像小鸟眼睛，很受欢迎。

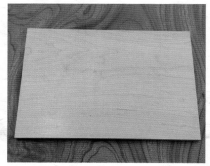

材质硬，但是比色木槭的材质要柔软，其特征是加工性相对来说比较好。

拥有鸟目纹理，还被用于制作汽车的仪表板。

胡 桃

在第81页曾介绍过。右图是美国黑胡桃，为世界三大名木之一。纹理稳定性很好，带着淡淡的美丽紫褐色，洋溢着高级感。除了广泛用于制作高级家具和室内装修材料、工艺品之外，还可用于制作枪托。与铁接触久了，颜色会变深，似乎还有将枪弹或钉子打进胡桃木的做法。最近市场上似乎越来越少，但依然可以轻松买到。

自然状态下，其颜色就像做了表面着色一样，色泽艳丽。

榉 木

被称为能代表日本的名木，在关东藏野平野极为常见，关西称其为槻树。榉木的防水性强，耐久性好，为船舶制造、建筑（尤其是寺院）行业所钟爱。按树龄分，年轻的是青榉木，笨重又坚固；高龄的是红榉木，有着红色心材。红榉木的可加工性好，纹理更加美丽，独具魅力，价值很高。当然，红榉木也适合做精细加工。

使用树龄200～300年的树木材料。

水 松

在日本，水松有"栎树""紫杉"等别称。其日文发音，用汉字标示的话就是"一位"，这是因为其在古代被用于制作日本贵族所持的"笏"，是最高贵的树木。水松木的年轮部位很柔软，容易加工，加工后会显现出光泽。市场上方材较多，流通量大，比较容易得到。

银 杏

银杏树是植物界的"活化石"，无论是用来观赏还是食用果实，都很受欢迎。银杏树被指定为东京都的都木，具有不可思议的生态形式。其树叶像阔叶树一样宽，但在生物分类上却属于针叶树。银杏分雌株和雄株，只有雌株才产果。银杏树的生命力极其旺盛，遭砍伐后，伤口上还能冒出新芽来，自古就是人们信仰、祭拜的神木，是一种珍贵的树木。

金 松

金松是日本所特有的针叶树，其木材质量优良，与丝柏、水松、桧木、崖柏合称"木曾五木"，作为高级木材而被人赞美。（编者注：木曾山号称日本屋脊，林业发达）金松木的超强防水性堪比柏木，常用于浴桶制作。因具有黏性，与柏木相比，加工效果更加细腻典雅。另外，在2006年，金松因作为悠仁亲王的"徽章之木"而更加出名。

无论什么都用木头制作吧

此处介绍监修本书木材部分的Woody Plaza。
请欣赏这些让人吃惊的木作吧。

有很多木制的可以安心给孩子玩的玩具。从木制的玩偶上能够看出很多
让你安心的小细节。

果然，放置的很多种类的食器深受欢迎。即便是同样形状的作品，用不同种类的木料做出来，味道完全不同了，非常有意思。

用木头制成的桌子、红酒瓶、红酒杯、托盘等微观模型是多么可爱啊。不经意地装饰在房间里，视线触及的瞬间内心都会变得柔软。

小巧可爱的蒜臼也是木头做的。做饭时会感觉更有趣。

红酒瓶支架与酿造红酒用的木桶是同一种材料。使用杉木制成的酒器，杉木的清香能够增加酒的醇度。

名牌也用各种木料来做的话，能够显示出木料各自的个性形态。似乎会从某一个地方传来木料的温厚触感。

了解木材的特性

湿气和水分是木材的天敌，不要把它一直泡在水里。木餐具在使用后要擦拭干净。木材在干燥过程中肯定会变得弯曲或出现豁口，在购买时尽量选择干燥的木材。晾干生木材时，端面肯定会周期性地产生裂口，需要涂抹胶水保养，同时要将其放在阴凉地方。大致目标是将水分晾干到只剩10%～15%，这样之前的变形就基本上不怎么显眼了。

木材是有正反面之分的，接近表皮的面是正面，要注意这一点。

木材不仅仅是木作原料，结合了树文化之后也会产生独特的气质。日本的树文化非常丰富，对树木有着细腻的感触。

Woody Plaza/木材广场
电话=048-458-5113 FAX=048-458-5114
地址=埼玉县和光市本町22-1
营业时间=10:00～19:00 休息日=周三
URL=http://www.woodyplaza.com
Email=mmateria@d4.dion.ne.jp

木材广场 第三任社长
村山元春先生
40年来一直从事木材相关的工作，是木材巨匠。精通木材知识和加工技术，担任TV节目《什么都要鉴定团》的木料鉴定师。

我啊

可是要吃很多

长大个的哦

用妈妈给我做的马克杯和勺子

吃啊 吃啊 吃啊

进阶尝试

婴儿汤勺和马克杯

婴儿汤勺的制作方法

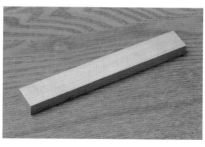

01
使用11mm厚度的木材，裁切出20mmX150mm大小的木料。该作品使用樱木制作。

02
放好纸样，用铅笔沿着纸样誊画轮廓。

03
用夹具固定结实后，使用钢丝锯沿着所画线条的外延切割木料。

04
将外部轮廓修整齐。

05
汤勺正面一侧的形状修整好后，将侧面的纸样对齐，用铅笔沿着轮廓画线。

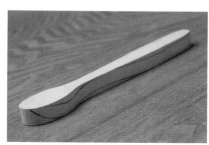

06
侧面为曲线形状，可能不方便描画，操作时要不断调节，掌握好力度。

07
用刻刀沿着描画好的线条切削，将侧面的形状修整出来。

08
此时如果将勺子头部背面一侧削掉的话，稳定性就会变差，该部分请留到后续工序中加工。

09
在勺子头部正面一侧随手画出凹陷部位的轮廓。

10
用雕刻刀将所画轮廓的内侧凹陷部分加工出来。考虑到婴儿嘴巴的容量较小，凹陷部位请不要加工得过深。

11
凹陷部分雕刻充分之后，开始切削勺子背面的部分。

12
倒角处理，将勺子头部修整成圆形。

13
手柄部位的边角也做倒角处理，整体修整圆滑。加工成能够容易给孩子喂食的形状。

14
整体的形状修整出来后，再重新将勺子凹陷部位小心仔细地修整齐。

15
用砂纸打磨整体，将表面修整平滑。

16
由于是婴儿使用的勺子，在加工时千万不要留下细小的棱角或毛刺。

17
整体充分涂抹橄榄油，用干燥的布料将多余的油分擦拭掉。

完成！

马克杯的制作方法

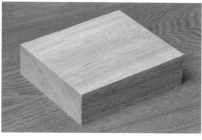

01
准备一块140mm×40mm×20mm宽的木料。需要切削的部位比较多，选择切削加工性较好的核桃木。

02
如图，在距侧边20mm的位置画线，右侧为边长120mm的正方形。然后沿着正方形的对角画出对角线。

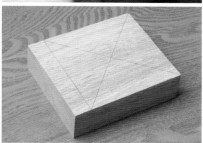

03
以对角线交叉点为圆心，画两个圆：外圆直径120mm，内圆直径105mm。内外圆中间的圆环部分即为马克杯的杯沿，内侧圆的大小也可以按照个人喜好决定。

04
将纸样与木料对齐重合，将与外圆相切的两条曲线誊画上去。这两条线决定了马克杯的拿取空间。

05
手拿侧（柄部）的侧面，从距画线的那一面30mm远的位置处画线。

06
将木料翻过面来，同正面一样将各个线条画上去。然后以对角线的交点为圆心画直径85mm的圆（该圆为马克杯的底端）

07

从该步骤开始就要加工马克杯的内侧了。使用雕刻刀或圆凿雕刻，因雕刻范围深度较大，先用C形夹具将木料固定结实，用锤子敲打圆凿来雕刻加工会更轻松。

08

雕刻到此程度即可，最深的地方到30～35mm即可。

09

接下来画线，为将来去除多余木料做准备。如图，首先在步骤05的那个面上，画上步骤04的两条曲线的延伸线；然后在左右两个相邻面上画线，若这两条线延伸到另一面，各自应能与圆心相交。

10

步骤09的各个线条画好的样子。

11

参照刚才画好的线条将四个角多余的部分锯掉。锯的时候不要紧贴着线，稍微留出一点富裕空间。下面的照片是四个角多余部分都去掉后的样子。确认柄部的木料没有被去掉。

12

接下来将柄部下侧画网线的部分切掉。

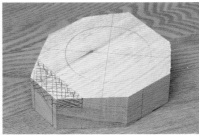

13

首先从背面用锯齿切入。切的范围比画线部分稍大一些，深度约25mm。（编者注：左列下图的线位置不准，应为6cm处）

14
接下来从柄部位置开始切入锯齿。

15
步骤12所定的范围切好后的样子。

16
在距手柄端部9mm的地方画线。

17
用圆凿从刚才画线部位开始向内侧斜着加工,将手指握杯的部分雕刻出来。

18
相邻的杯子底侧也要斜着雕刻加工。如图,从杯子底部那条直线加工到锯痕的9mm深处。

19
将多余的部分大致削掉后,继续用刻刀精细加工。

20
接下来加工修整杯子正面一侧的边缘部分。四周的边上还留有棱角,小心地将这些棱角部位倒角去掉。

21
正面一侧的边缘修整好后的样子。总算是接近马克杯的形状了。

22

从底部的圆开始向外侧加工，将多余的部分斜着切掉。

23

然后将周围加工出圆弧形状，通过不断变换方向一点一点修整形状的方式加工。

24

有耐心地持续雕刻加工，直到达到图中的这种效果为止。

25

将手柄背面一侧加工成贴合使用人手指尖的形状。之前的加工方法都是沿直线斜着进行加工的，这次向着内侧往里面剜。加工到一定程度后用雕刻刀将底部掏干净，加工出能轻松容纳手指尖的凹槽。

Check

加工的过程中，需要不时将手指放上去实际感受及时修正。

26

手柄部分里侧的形状做好之后，开始一点点按照自己的喜好加工周边部位。尽可能地加工出圆弧形状。

27

将手柄尖的棱角部位倒角加工，均衡雕琢圆滑。

28

马克杯的内侧还是粗糙的，需要用圆凿小心地对凹凸部位整形加工。

29

手柄的正面也不要忘记加工，修整成符合整体感觉的形状。

30
手柄的正面也需要进行倒角,将整体加工成圆滑的形象。

31
最后使用砂纸,按照150#~240#的顺序将杯子整体打磨一遍。对于杯底及手柄部位,将砂纸固定在木块上打磨会快些。

32
边缘部位的形状充分修整好后基本就能看出杯子的模样了。用砂纸打磨并注意整体外形。

33
别忘了对手柄侧背面的凹槽打磨加工。

34
最后是马克杯内侧。这是比较显眼的部位,所以需要充分打磨加工。

35
婴儿马克杯的形状完成了。

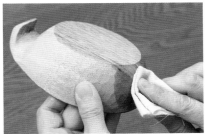

36
最后用橄榄油将杯子由内到外涂抹一遍。

完成!

作品制作要点

婴儿汤勺的制作要点是怎样让其能够更加温柔地投喂婴儿。

不要担心制作失败,尽量享受婴儿马克杯制作时咔嚓咔嚓的触感。

这两件作品的制作要点是爱心与细心。

婴儿汤勺的纸样

※ 采用长 150mm × 宽 20mm × 高 11mm 的木料。

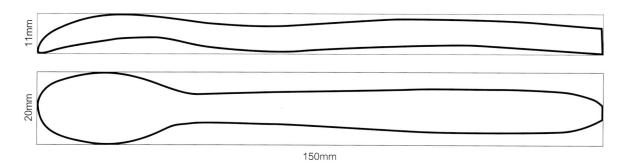

马克杯的纸样

※ 采用长 140mm × 宽 120mm × 高 40mm 的木料。

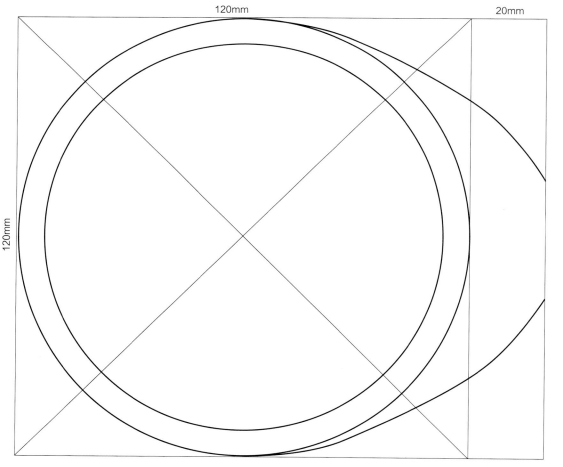

虽说是婴儿用马克杯，但是其外形
可爱到让人想要当作汤碗自用。

为了贴合婴儿的小嘴，
勺子头部尽量做小些
并加工成圆滑形状。

117

Irohani木工坊
是个什么样的地方

Irohani 木工坊，是能够孕育出使人光是触碰就能欢欣雀跃的产品制作地。并且本书中所介绍的所有的餐具，都是由经营这个具有奇怪名称的木工坊的木工山下小姐所设计并监修制作的。山下小姐平时针对客户的订单制作与生活密切相关的家具和餐具。那些作品都是迎合客户的生活，充分考虑了客户使用家具和餐具的样子。山下小姐很享受制作的乐趣，所以使用者也能够感受到作品带来的幸福。

下页将介绍一些山下小姐的其他作品，希望能给您带来些灵感和快乐。

（编者注：山下小姐的作品也入选了《日之器：纯手工木餐具》一书）

Irohani木工坊 *展示室只在周末开放
地址＝东京都台东区谷中2-25-13-1F
电话＝03-3828-8617
URL＝http://irohani-moko.blogspot.com

山下纯子 小姐
先在住宅翻新公司做住宅设计，之后开始了木工之路。经过职业训练学校木工科培训后师从木工作家井崎正治，于2005年出师。在富有人情味的东京平民商业区谷中开设了 Irohani 木工坊。

山下小姐的作品

咔嗒咔嗒积木（水曲柳·无涂漆）
圆形、三角形、四角形。将具有各种形状的积木组合起来的话，会发出咔嗒咔嗒的细小的令人舒服的声音，孩子的表情也会舒展开来的。

鸡蛋椅子（核桃木·上油加工）
轱辘状的圆形鸡蛋椅子是Irohani木工坊比较有人气的一款作品。

十字方凳（水曲柳/胡桃木·上油加工）
方凳的腿尖尖的，坐上去之后可以伸懒腰的适合成人的杰作。

废纸箱（胡桃木·上油加工）
如果只用来装废纸的话有些浪费，不管是放在何处都非常具有存在感的实用家具。

圆餐桌
（胡桃木·上油加工）
理所当然地想要装饰在壁橱里的圆餐桌，可以搬到任何地方，即便是一个人吃饭，也能够给你最好的享受。

餐盒（水曲柳·上油加工）
可以收纳茶具、盛送饭食。盖子还可以摇身一变成为托盘，无论身在何处都可以用来开茶会。

著作权合同登记号：豫著许可备字 –2016–A–0022

「実のなる木」でつくるカトラリー

Copyright © STUDIO TAC CREATIVE Co., Ltd.2011

Original Japanese edition published by STUDIO TAC CREATIVE CO., LTD

Chinese translation rights arranged with STUDIO TAC CREATIVE CO., LTD

through Shinwon Agency.

Chinese translation rights © 2017 by Central China Farmer's Publishing House Co.,Ltd.

监修：山口纯子

摄影：梶原崇、佐々木智雅

图书在版编目（ＣＩＰ）数据

跟我做纯手工木餐具 / 日本 STUDIO TAC CREATIVE 编辑部编；徐晓晴译 .
—— 郑州：中原农民出版社，2017.7

ISBN 978–7–5542–1644–6

Ⅰ . ①跟… Ⅱ . ①日… ②徐… Ⅲ . ①木制品—餐具—制作 Ⅳ . ① TS972.23

中国版本图书馆 CIP 数据核字 (2017) 第 085908 号

出版：中原出版传媒集团　中原农民出版社

地址：郑州市经五路 66 号

邮编：450002

电话：0371–65788679

印刷：河南省瑞光印务股份有限公司

成品尺寸：202mm × 257mm

印张：7.5

字数：150 千字

版次：2017 年 8 月第 1 版

印次：2017 年 8 月第 1 次印刷

定价：48.00 元